神奇的化学元素

小马车丛书编委会 编

中国地图出版社
北 京

图书在版编目（CIP）数据

神奇的化学元素 / 小马车丛书编委会编 . -- 北京 ：
中国地图出版社，2021.7
ISBN 978-7-5204-2207-9

Ⅰ . ①神… Ⅱ . ①小… Ⅲ . ①化学元素－普及读物
Ⅳ . ① 0611-49

中国版本图书馆 CIP 数据核字 (2021) 第 028615 号

SHENQI DE HUAXUE YUANSU
神奇的化学元素

出版发行	中国地图出版社	邮政编码	100054
社　　址	北京市西城区白纸坊西街 3 号	网　　址	www.sinomaps.com
电　　话	010-83490076　83495213	经　　销	新华书店
印　　刷	合肥杏花印务股份有限公司	印　　张	9
成品规格	170 mm × 240 mm		
版　　次	2021 年 7 月第 1 版	印　　次	2024 年 7 月安徽第 3 次印刷
定　　价	28.80 元		
书　　号	ISBN 978-7-5204-2207-9		

如有印装质量问题，请与我社联系调换

目 录

非金属 ······ 1

1 号元素——氢 ······ 3
生命的元素——氧 ······ 11
最孤傲的元素——氦 ······ 17
会变色的元素——碘 ······ 23
最善变的元素——碳 ······ 29
活泼好动的元素——磷 ······ 37
脾气古怪的气体——氮 ······ 43
无味无嗅的非金属——硫 ······ 49
无机世界的“主角”——硅 ······ 55
消毒的毒气——氯 ······ 61
以臭为名的液体——溴 ······ 67
祸福相依的元素——硒 ······ 73

金属 ······ 77

最亲民的元素——铁 ······ 79
跨越时代的“主角”——铜 ······ 87
让人又爱又恨的元素——铝 ······ 93

食盐里的金属——钠 ……101
智慧的代言者——锌 ……107
被寻找了 20 年的元素——钙 ……113
金属中的“贵族”——金 ……119
马口铁的“外衣”——锡 ……123
闪光灯中的金属——镁 ……129
水一样的金属——汞 ……135

非金属

1 号元素——氢

中文名：氢

英文名：Hydrogen

化学符号：H

1 号元素——氢

名片

中文名：氢

英文名：Hydrogen

化学符号：H

在地壳中，如果按质量计算，氢元素只占地壳总质量的 1%；而如果按原子百分数计算，则占 17%，也就是说，在地壳中，100 个原子里有 17 个是氢原子。氢在大自然中分布很广，水便是氢的“仓库”——水中含有 11% 的氢；泥土中约有 1.5%的氢；石油、天然气、动植物体中也含有氢。在空气中，氢气的含量非常少。

在整个宇宙中，按原子百分数来说，氢是含量最多的元素——比氧还多。据研究，在太阳的大气中，按原子百分数计算，氢占 81.75%。由于氢原子的质量较轻，所以若以数量来计算的话，氢原子的数量比宇宙间其他原子量的总和还要高出百倍。

氢的发现历史

在化学元素的发现历史上，很难确定氢是谁发现的，因为曾经有不少人做过制取氢的实验。但在科学史上，人们最终把氢气的发现者确定为亨利·卡文迪许。因为是他最先把氢气收集起来，仔细加以研究，并确定了氢气的密度等关键性质的科学家。1766 年，卡文迪许发表了题为《论人工空气》的论文并获得英国皇家学会科普利奖章。卡文迪许用铁、锌、锡等 6 种元素与盐酸、稀硫酸反应的方法制取氢气，并将氢气用排水集气法收集起来。他发现，用一定量的某种金属与足量的各种酸作用，所产生的氢气量总是固定不变的，而与酸的种类和浓度无关。他还发现，氢气与空气混合点燃会发生爆炸，所以，卡文迪许称氢气为“可燃空气”。他指出，氢气比普通空气轻很多倍，不溶于水或碱溶液。

1781 年，英国化学家普利斯特里在做有关“可燃空气”的实验时，发现氢气和空气混合爆炸后有液体产生。普利斯特里把这一发现告诉了卡文迪许。卡文迪许用不同比例的氢和空气的混合物进行实验，证实了普利斯特里的发现，并断定所生成的液体是水。卡文迪许指出，如果把氢气和氧气放在一个玻璃球里，再通上电，就能生成水。当氧气被发现后，卡文迪许用纯氧代替空气重复以前的实验，不仅证明氢气与氧气可以化合成水，而且还定量地确认，大约 2 体积氢气与 1 体积氧气恰好化合成水，该实验成果发表于 1784 年。但由于卡文迪许受燃素学说的影响，所以他认为，金属中含有燃素，当金属在酸中溶解的时候，金属所含的

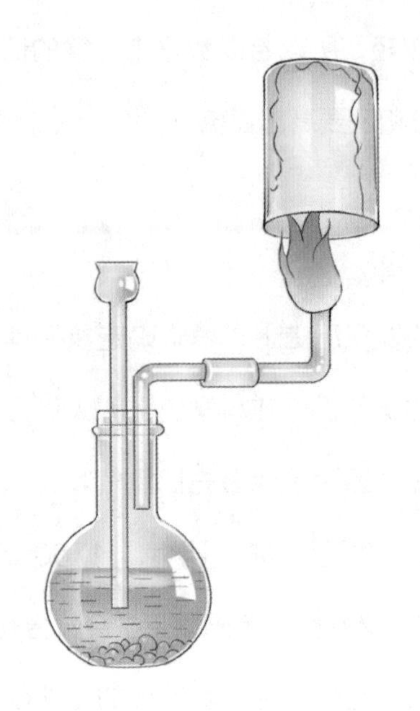

氢燃烧变成水

用锌和稀硫酸制氢

燃素会释放出来，从而形成“可燃空气”。尽管卡文迪许首先发现了氢气，并首先证明了氢气和氧气反应的定量关系，但由于受到传统理论的束缚，他并没有意识到氢气发现的其他重要价值。后来，法国著名化学家拉瓦锡重复了卡文迪许的实验，并明确提出：水不是一种元素，而是氢和氧的化合物。拉瓦锡于 1787 年确认氢是一种元素，并将其命名为氢，“氢”的意思是“成水元素”。

关于氢的实验

在一个盛水的玻璃瓶里放一些锌片，加入稀硫酸，立刻可以看到玻璃瓶中有气泡产生。把玻璃瓶的口用木塞紧紧地塞住，而木塞的上面有两个孔，分别插着一个玻璃导管和一个安全漏斗。锌和加稀硫酸的水所制作出来的氢，从弯的玻璃管里出来，一个一个的气泡都被放在水槽里盛满水的集气瓶收集了。集气瓶集满氢以后，用玻璃片盖住瓶口，然后把集气瓶移出水面，倒放在桌面上。

该实验证明：

（1）锌可以与稀硫酸反应生成氢气。

（2）氢气难溶于水。

氢的重要作用

氢气是由氢元素组成的一种最轻的气体。在 0℃和 1 个标准大气压下，每升氢气只有 0.09 克，仅相当于同体积空气质量的 1/14。这样轻盈的气体，很早便引起了人们的注意。早在 1780 年，法国化学家布拉克便把氢气灌入猪的膀胱中，制作了世界上第一个、也是最原始的氢气球。

氢是元素周期表中的第 1 号元素，氢原子是目前发现的 118 个元素中最小的原子。它又轻又小，跑得最快，也最会“钻空子”。氢气球灌好后，过了一夜，第二天便常常飞不起来，就是因为在一夜之间，大部分氢气钻过橡胶薄膜上看不见的细孔，溜之大吉了。在高温、高压环境下，氢气甚至能穿过很厚的钢板，因此合成氢的反应塔由结构复杂的耐高温、高压的钢筒组成。氢气的导热性良好，比空气高数倍，因而有些发电机使用氢气来冷却。除了氦之外，氢气是最难液化的气体之一，其沸点为 - 253℃，熔点为 - 259℃。

氢在空气或氧气中能燃烧，生成水。但氢气在常温下，化学性质并不活泼，只能在紫外线照射下与氯气化合，而与氧气却很难化合。人们曾做了这样的实验：把氢气和氧气混合放在玻璃瓶中，过了几年，瓶中没有水迹。据估计，在常温下，起码要经过 1000 万年以上，氢气和氧气才会全部化合成水。然而，遇见火或放进一点铂粉，氢气和氧气会立即发生爆炸，猛烈地化合成水。这种能发出爆炸声的氢氧混合气，在化学上叫作“爆鸣气”。氢含量在 9.5%以下或 65%以上的氢氧混合气，点燃时虽也能燃烧，但不会发出震耳的爆炸声。

氢气和氧气化合时，会放出大量的热。所以，在工业上，人们用氢气作气体燃料。著名的氢氧焰（氢气在氧气中燃烧的火焰）温度高达 2500℃~3000℃，可用来焊接或切割钢板。

氢气也是重要的工业原料，人们用氢气和氮气作用制成氨。而氨可以说是“氮肥之母”，绝大部分氮肥都是用氨作原料制造的。氢气和氯气化合成氯化氢，它溶解于水，便成为重要的强酸——盐酸。许多金属要用氢气作还原剂来冶炼。许多液态的油，用镍作催化剂，通入氢气，可变成固态，这一过程称为“油脂氢化”。在工业上，人们是用水蒸气通过灼热的煤层制取氢气，也可通过电解水来制取纯氢。

在大自然中，除了普通的氢以外，还有多种氢的同位素，例如氕、氘和氚。普通氢原子的原子核是由一个质子组成的，而氘的原子核除了含一个质子外，还含有一个中子。氘俗称重氢，氘和氧组成的化合物叫重水。重水的确比水重，1 立方米重水比同体积的水重 105.6 千克。

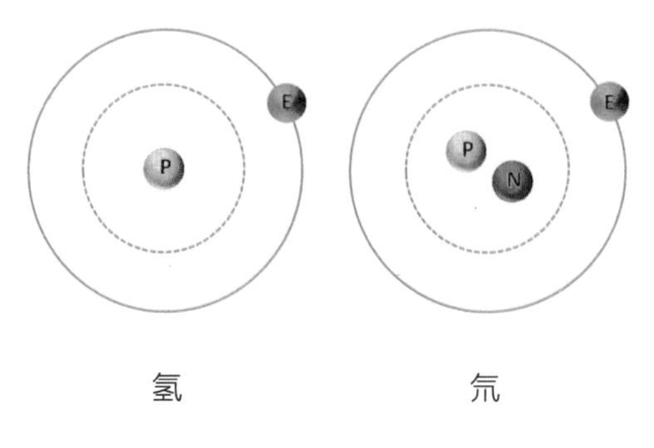

氢的同位素

重水看上去和水差不多，但两者性质不相同。如果你用重水养金鱼，没多久鱼便会死去；用重水浸过的种子不会发芽；常压下，普通水在 100℃沸腾，重水则在 101.43℃才沸腾。在自然界中，重水分布很少，每 50 吨普通水中才含有 1 千克重水。在原子能工业中，重水是重要的中子减速剂。氢弹也是以氘为主要原料。由于重水不会被电解，最初人们用电解法从普通水中分离重水。由于重水含量少、制备难，所以重水售价很高。

重水在 1933 年才第一次被人们制得。但在之后短短的几十年间，重水成了很重要的战略物资。在不久的将来，重水也将越发重要，人们称它为“未来的燃料”。重水是热核反应的“燃料”，在核反应时能释放出巨大能量的优质“燃料”。而据研究，海水将成为制取重水的取之不尽、用之不竭的原料。

生命的元素——氧

中文名：氧

英文名：Oxygen

化学符号：O

生命的元素——氧

名片

中文名：氧

英文名：Oxygen

化学符号：O

氧元素占整个地壳总质量的 48.6%，是地壳中含量最丰富、分布最广的元素，它在地壳中基本上是以氧化物的形式存在的。每 1 千克的海水中溶解有 2.8 毫克氧气，而海水中的氧元素差不多达到了 89%。就整个地球而言，氧的质量分数为 15.2%。

氧的发现历史

1774 年，英国化学家普利斯特里从布莱克在煅烧石灰石中发现了二氧化碳一事中受到启发，他利用大凸透镜把太阳光聚焦在氧化汞上，制得了一种气体。当时，虽然并不知道这种气体是什么，但细心的普利斯特里还是做了许多实验来了解这种气体的性质。他将该气体放在玻璃瓶中，并倒水进去，发现这种气体不溶解于水。他把燃烧的蜡烛放进该气体中，蜡烛竟放出耀眼的强光，因而他判断这是一种能强烈助燃的气体。他把一只老鼠放到充满该气体的瓶子里，老鼠活蹦乱跳很自在，因此他推断人吸入这种气体应该也会非常舒服。于是，他用玻璃管把大瓶中的氧气吸入肺中，并记下自己的感受：我觉得和平常呼吸空气一样，没有什么不适。而且在吸进了这种气体一段时间后，我的身体还是感到十分轻松。也许有一天，说不定这种气体会变成时髦的奢侈品呢。不过这时，世界上能够享受这种气体的，只有那只老鼠和我自己了。

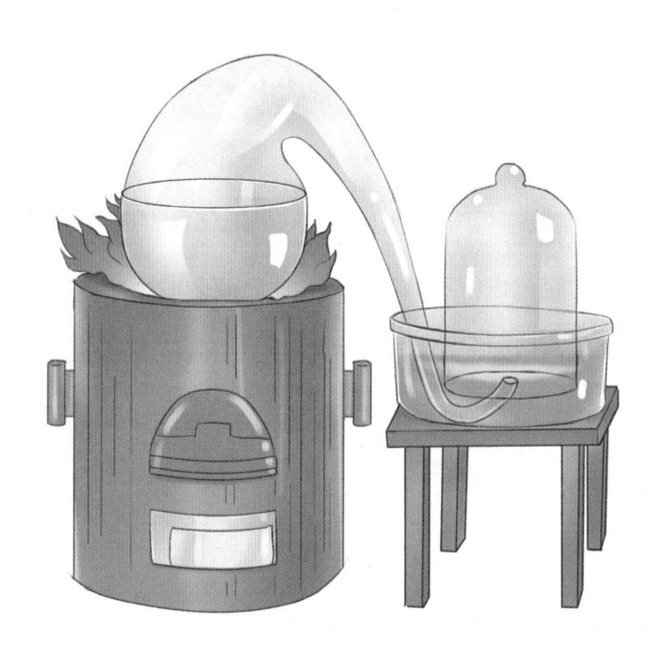

提取氧气实验

普利斯特里从上述实验中得出，该气体有助燃、助呼吸作用，它的有些性质与一般空气类似，但作用更强。但是，他把氧气这种新气体错误地用燃素说来解释，并把制得的氧气称为“脱燃素空气”。

后来，拉瓦锡对氧气也进行了深入的研究，他的研究是在普利斯特里的研究启发下完成的。拉瓦锡通过氧化汞的分解制得氧气，并对它进行了系统的研究，发现它能与很多非金属单质合成多种酸，故他将氧气命名为“酸气”。拉瓦锡还进一步通过实验，提出了燃烧氧化学说，推翻了燃素说，使过去以燃素说形式倒立着的化学正立过来了。因此，虽然不是他首先发现氧气，但恩格斯还是称他为“真正发现氧气的人”。

氧气的制取

（1）分离液态空气法

空气中的主要成分是氧气和氮气。利用氧气和氮气的沸点不同，从空气中制备氧气的方法称为空气分离法。首先，把空气预冷、净化（去除空气中的少量水分、二氧化碳、乙炔、碳氢化合物等气体和灰尘等杂质）；第二，对空气进行压缩、冷却，使之成为液态空气；第三，利用氧气和氮气的沸点不同，在精馏塔中把液态空气多次蒸发和冷凝，将氧气和氮气分离开来，得到纯氧（可以达到 99.6% 的纯度）和纯氮（可以达到 99.9% 的纯度）。

（2）实验室制氧气

高锰酸钾在加热的条件下，生成锰酸钾与二氧化锰，并放出氧气。放出的氧气可以用排水法进行收集。

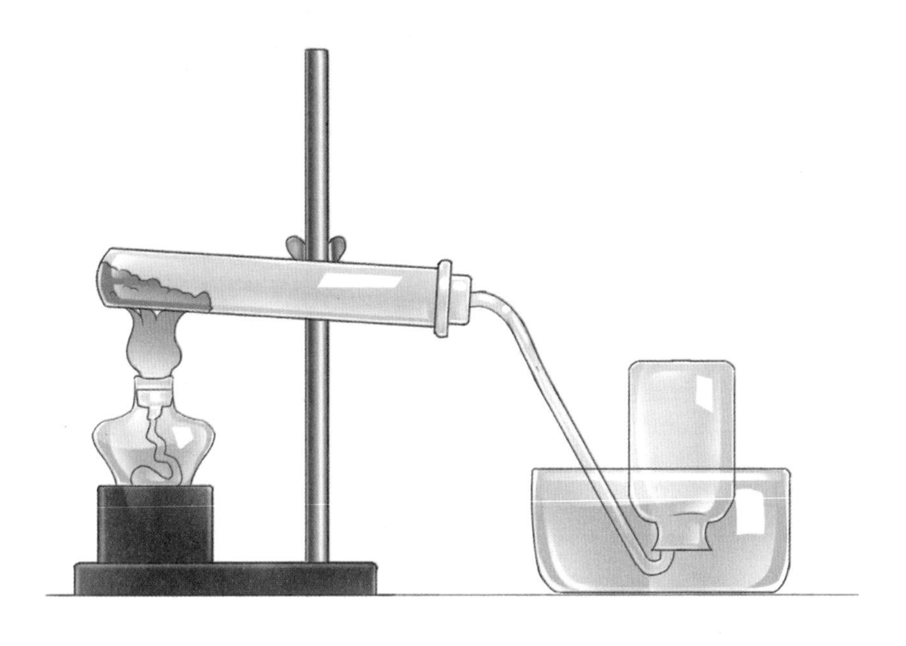

实验室制氧

氧元素的重要作用

除了非常少量的微生物外，氧气对整个地球的生命体来说，都具有非常重要的意义。可以说没有了氧气，地球也就没有了生命。地球上的生命的基本组成是细胞，而细胞需要持续供应氧气才能存活。

除了维持生命，氧气在现代工业中也有广泛的用途。在高炉高温下进行的钢铁加工时，将碳转化为二氧化碳的反应过程中需要氧气。氧气还用于金属焊接、降解碳氢化合物等。

氧气还可以应用于污水处理中。在污水处理过程中，利用曝气设备可以将空气中的氧气充分融入到水体中，有效促进微生物和有机物之间的接触，从而更好地进行氧化分解，最终高效污水处理目标。

氧气也常以液态形式被广泛用作导弹和火箭的氧化剂，它与液态氢发生反应，可以产生导弹或火箭等起飞所需的巨大推力。

最孤傲的元素——氦

中文名：氦

英文名：Helium

化学符号：He

最孤傲的元素——氦

名片

中文名：氦

英文名：Helium

化学符号：He

“飞了！飞了！”同学们兴奋地叫着。学校运动会的开幕式上，1 班的同学们亲手放飞了自己制作的气球。

时间回到半个月前，1 班的同学们经过商量，决定在学校运动会开幕式结束时放飞气球。为了更有纪念意义，他们决定自己来制作用于放飞的气球。但一开始，他们就碰到了问题：无论是用嘴吹，还是用打气筒打气，气球都飞不起来。这是怎么回事？

他们只好向陶老师求助。陶老师听了大家七嘴八舌的描述后露出了神秘的笑容，她说："咱们明天再吹，老师保证可以让气球飞起来！"

第二天，同学们又去找陶老师，陶老师搬出了一个钢瓶。陶老师说："这里面有一种神奇的气体，把它充到气球里，气球就能飞起来了！"说着，陶老师试着把这种气体充到了气球中，并把气球口扎紧，一松手，气球就飞到了办公室的天花板上。同学们看了非常高兴，也自己动手试了试，果然按这样的方法，气球很快轻松地飞了起来。

同学们在学校运动会开幕式上的表演顺利完成了，并得到了满场喝彩。

陶老师给气球中充入的是氦气。氦气能使气球飞起来，是因为它的密度比空气小，所以气球会向上飘。当然，比空气轻的气体不止氦气一种，但氦气却是最安全的，因为它的化学性质最为稳定。

氦元素与它的其他几个"兄弟"在元素周期表中的位置很是特殊，它们都位列周期表的最右边。当然，它们也不是天生就愿意待在这个"偏僻的角落"，在门捷列夫最初编制元素周期表时，根本没有给氦和它的"兄弟们"安排位置，因为当时它们还没有被人们发现。直到 19 世纪末，它们才先后被人们发现，被补充在元素周期表的最右侧。

不过，让它们"靠边站"，却也不是没有道理。元素周期表是按原子结构的周期性变化来排列的，氦与它的"兄弟们"的原子结构很特殊，电子层的最外层充满电子。它们的生活十分安静和独立，它们既不像氧那样，和谁都能打得火热，也不像碳那样，喜欢自家人往一块儿凑。它们似乎天生就不爱凑热闹，要让它们和其他元素交朋友，几乎是不可能的。正是由于它们的这种"特立独行"的脾气，化学上把氦、氖、氩、氪、氙、氡"六兄弟"称为惰性元素。

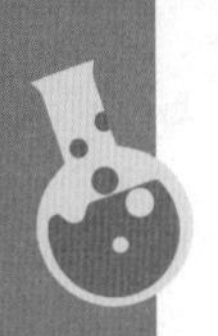

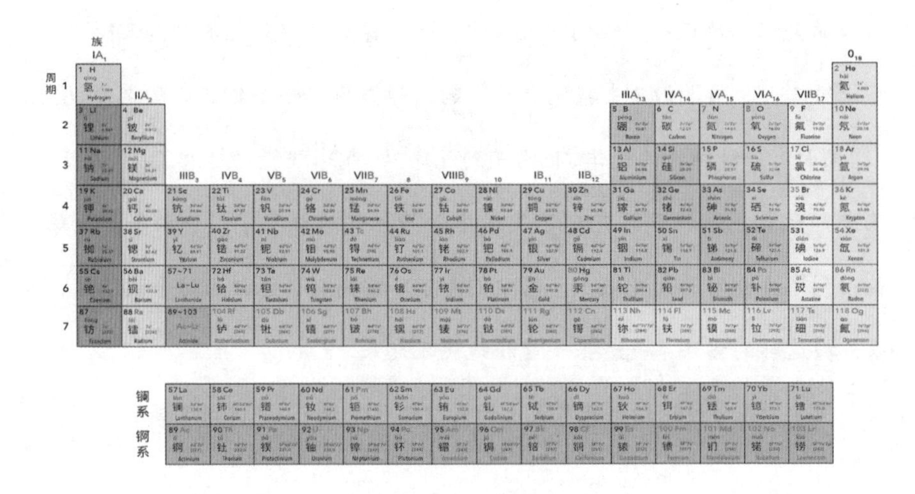

元素氦被放在了周期表右上方的位置

氦元素的发现历史

1868 年，法国天文学家让桑在印度观测日全食时，发现了几条陌生的光谱线，英国天文学家洛克耶也独自观测到一些不能用地球上任何已知元素说明的亮线。经过进一步研究，人们将该谱线归于一种新元素。这个新元素被命名为 “Helium（氦）”，来自希腊文 helios（太阳），元素符号定为 He。这是第一个在地球以外，在宇宙中发现的元素。120 多年后，英国化学家拉姆赛才从地球矿石中解析出氦。

氦元素的应用

惰性元素的原子有稳定的结构，化学性质非常稳定。因此，惰性元素一度被学界认为绝不可能形成化合物。然而，通过化学家们的不断努力，氦和它的五个“兄弟”开始与其他元素交上朋友了。

根据宇宙大爆炸理论，在宇宙诞生之初，氦就存在了。它是恒星（包括太阳）最主要的构成元素之一，它在恒星上千万摄氏度的高温中坚守，毫不动摇。它也是空气的重要的组成部分。早在几十亿年前，地球大气圈形成时，氦就已经是原始大气的一份子，原始大气经历岁月的变迁，成分不断变换，但氦却历经数十亿年不变，是大气中的“元老”。

氦虽然是地球大气中的“元老”，但它也一直在我们的生活中默默地发挥着作用。氦气密度很小，比空气要小得多，而且其性质稳定，因此人们常用氦气来填充气球、飞艇（包括载人飞艇）等；氦气的沸点是已知气体中沸点最低的，它的液体形态能给我们提供其他物质所不能提供的超低温，因此液氦常用于超低温冷却。例如，核磁共振技术中需要用到一种超导温度很低的超导体，现阶段只有使用液氦来制冷才能达到其所需的温度。

此外，由于氦出色的“拒人于千里之外”的本事，氦气也常在工业生产中被用作保护气，用以隔绝“讨厌的”氧气带来的干扰。氦，这个

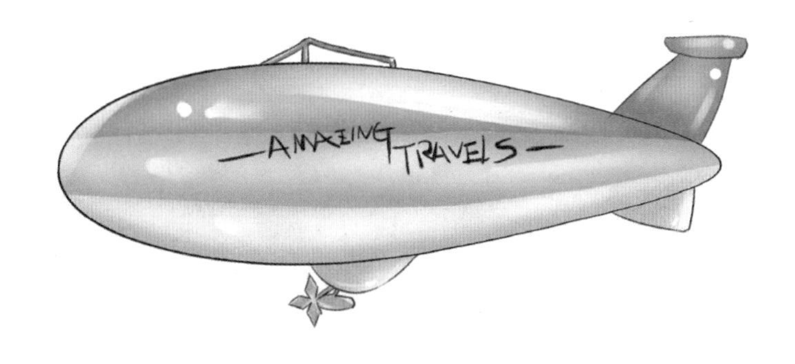

氦气可用于飞艇制造

处于元素周期表边缘位置之一的元素，虽然在元素家族中最不活跃，但却没有沉默地旁观，而是默默地为人类贡献着自己的力量。

会变色的元素——碘

中文名：碘

英文名：Iodine

化学符号：I

会变色的元素——碘

名片

中文名：碘

英文名：Iodine

化学符号：I

上课时，陶老师把一个试管架放在了讲桌上，试管架上摆放着一排试管，试管中都装着白色的液体。陶老师笑着说："今天我给大家变个魔术！"她拿出了一个棕色的瓶子，用滴管从瓶子中取出一些棕色液体，向每个试管中滴了几滴，摇了摇。过了一会儿，神奇的现象发生了，试管中的液体变了颜色，有蓝色、蓝紫色、紫色、棕红色、红色、橙色……煞是好看。

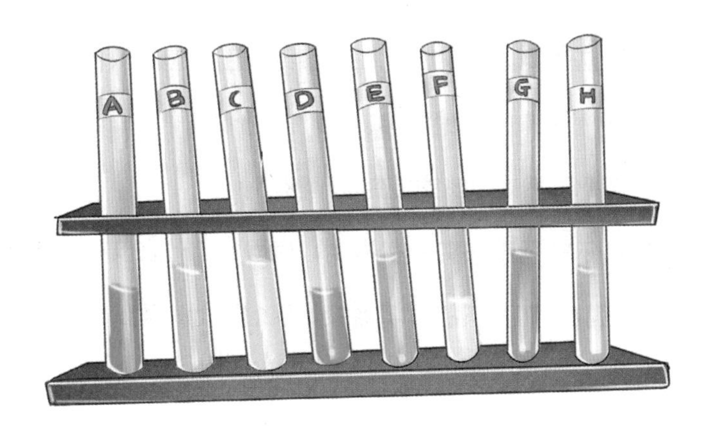

碘的变色实验

陶老师放在试管中的是淀粉或糊精，它们是葡萄糖的聚合物，后来滴入的棕色液体是碘酒。淀粉或糊精之所以变色，是因为碘酒中的碘与淀粉或糊精形成包合物，包合物的颜色则与淀粉的聚合度（葡萄糖的单位聚合度）或相对分子质量有关。在一定的聚合度或相对分子质量范围内，随聚合度或相对分子质量的增加，包合物的颜色会由无色依次变化为橙色、淡红、紫色和蓝色。所以生活中经常会用碘酒来检测食物中淀粉的含量。

碘是一种多变的元素。它属于非金属元素，却散发出金属般的光芒；它是固体，却很容易升华，只要稍一加热，就可以直接由固态变成气态。

碘元素的发现历史

传说最初碘元素是由一只小花猫发现的。这是怎么一回事呢？

事情是这样的。18 世纪末至 19 世纪初，拿破仑发动战争，需要大

量黑火药。黑火药的主要成分是硝酸钾、硫黄和碳粉。

当时的一位法国商人库尔特瓦在巴黎经营了一座不大的硝石工厂，该工厂利用绿色海藻来提取硝酸钾。他们先把海藻晒干、烧成灰，然后用海藻灰的溶液把天然的硝酸钠转变成硝酸钾。

有一次，库尔特瓦正在实验室中制取硝酸钾。他在实验桌上放了两只瓶子，分别盛放着海藻灰的酒精溶液和硫酸。他家里的一只小花猫在库尔特瓦不注意时爬到了桌子上，碰倒了那两只瓶子，里面的溶液流了一桌。库尔特瓦十分生气，当他要惩罚这个“捣蛋鬼”时，突然看到了一个从来没有见过的现象：两种液体混合到一起的地方产生了一缕紫红色的气体，缓缓升起，同时他闻到一股十分难闻的气味。更让他意外的是，这种气体冷却后并没有凝结成液体，而变成了一种紫黑色的、闪着金属光泽的颗粒。库尔特瓦顿时被它吸引住了。

这种气体究竟是什么？库尔特瓦经过持续不懈的研究，终于发现这种新元素，后来他就用这种蒸气的颜色给它命名为碘（在拉丁文中，碘的意思就是紫色）。

碘元素的发现

碘是一种活泼的非金属元素，化学符号是I，原子序数是53，是卤族元素之一，在自然界中以化合物的形式存在。单质碘为紫黑色晶体，易升华，纯碘蒸气呈深蓝色，若含有空气则呈紫红色，有毒性和腐蚀性。

碘元素的应用

碘在人体中发挥着极其重要的生理作用。我国有一些缺碘地区，居住于该地区的人们极易发生碘缺乏症。

当人体缺碘时，体内甲状腺素的合成不能顺利地进行，血液中的甲状腺素的浓度就会降低。这时中枢神经系统就会“下令”给脑垂体，让它分泌更多的促甲状腺激素来使甲状腺细胞增生和肥大，这就使人的脖子越来越粗，科学家们把这种病称为地方性甲状腺肿大，人们一般称它为“粗脖子病”。

人体缺碘除了长“粗脖子”，还会导致智力低下。在一些地区，由于缺碘，不少家庭的孩子头大额低、表情呆板、身材矮小，甚至到了四五岁时还不会站立、走路，智力低下。这种现象大部分是因为母亲在怀孕时，母体摄入的碘不足，影响到了胎儿，使婴儿发育迟缓，身材矮小；如果婴儿在生长过程中继续缺碘，会进一步造成其智力低下。科学家们发现，在婴儿期出现的这种碘缺乏病是永久性的，它对人体的神经系统和骨骼的发育的损伤也是终身的。由于缺碘能造成大脑发育不良，智力低下，所以人们把碘称为“智慧元素”。

为了预防碘缺乏症，应听取医生的建议，适当多吃一些海带、海藻和海鱼等含有碘的食品。

碘除了对人体产生巨大影响，在我们的生活中也能够看到它的身影。

普通的白炽灯的灯丝是用钨做的。通电时，灯丝温度很高，通常达到2000℃，这样高的温度下，钨丝很容易挥发，这就大大缩短了电灯的寿命。人们在钨丝表面涂上一层碘化钨，就能延长灯泡的寿命。通电后，当灯丝温度高于1400℃，碘化钨会受热分解，变成碘和钨。其中，钨会留在灯丝上，而碘因为易升华，会充满整个灯管。当钨丝上的钨受热挥发，扩散到管壁上，碘就会与钨作用生成碘化钨。碘化钨扩散到灯丝，又受热分解……这样循环不已，就可以使钨丝使用寿命保持很长。一只普通的碘钨灯使用寿命可达5000小时以上。

此外，在刑侦工作中，我们也可以看到碘的身影。用碘蒸气法检测指纹，这是现在最常用的指纹检测方法之一。利用碘蒸气法来检测指纹，方法简便，现象明显。其原理是碘受热时会升华变成碘蒸气，碘蒸气能溶解残留在手指上的油脂等分泌物，并形成棕色指纹印迹，从而使看不见的指纹显示在人眼前。

最善变的元素——碳

中文名：碳

英文名：Carbon

化学符号：C

最善变的元素——碳

名片

中文名：碳

英文名：Carbon

化学符号：C

“2010年诺贝尔物理学奖授予英国曼彻斯特大学科学家安德烈·盖姆和康斯坦丁·诺沃肖罗夫，以表彰他们二维空间材料在石墨烯方面的卓越研究。我们对石墨烯的了解已有很长一段时间了，早在1947年菲利普·华莱士便计算了石墨烯中电子运动情况，然而很少有科学家认为我们可以分离出单层石墨烯并测量其中的电子运动状况。因此，今年的物理学奖更显得令人惊讶，安德烈·盖姆和康斯坦丁·诺沃肖罗夫借助特殊的方法成功分离出薄层石墨烯，并在不同显微镜的帮助下发现有些片层是单原子级厚度。他们在石墨烯方面的‘突破性实验’使得利用石墨烯生产新物质和新型电子产品成为可能。”

这是2010年诺贝尔物理学奖的颁奖词。这段颁奖词中提到的“石墨烯”是碳元素的一种单质。

碳元素的性质与应用

碳，元素周期表中排行第6位，原子量为12。因为其原子核最外层电子数为4，因此处于“中庸”状态下的碳元素，可以呈现-4到+4等多种化学价态。正是如此，碳元素具备了很强的“化学牵手”能力，它可以形成单键、双键和三键等多种化学键态，可以进一步构造出多种多样的单质组态。目前发现的碳的同素异形体有数十种，如石墨、金刚石、无定形碳、碳纳米管、单层石墨烯，以及C_{60}、C_{70}、C_{76}、C_{82}、C_{84}等各种形态的巴基球。

这些不同形态的单质有很多性质，在我们的生活中有着广泛的应用。例如石墨，它是一种色黑、质软的碳，因为石墨中的碳原子成层状排列，而层与层间的联结非常弱，层与层之间容易滑动。因此，它能够自然地脱落成细小的碎片。利用这一性质，石墨可以用作润滑剂，也可用作铅笔中的“铅”，因为它在纸上划动时，会留下黑色的碎片似的痕迹。石墨还能导电和热。因此，石墨可作干电池的中心电极，应用在许多电路装置中，如用来产生火花的电动机中的电刷，大型炼钢炉中也需要大量的石墨。

与它相比，石墨的“兄弟”——金刚石就很不一样。金刚石是由碳

原子相互联结形成的一种非常稳定的物质，其中的原子键结合得非常紧密，因此金刚石是目前已知的最坚硬的物质之一。它还是透明的电绝缘体，也是热的良导体。自然界中，石墨价格低廉，金刚石却十分昂贵，是珠宝装饰品之一。

石墨和金刚石

金刚石和石墨都是碳，为什么性质截然不同呢？这是因为它们的结构不同。在金刚石中，碳原子排列非常规则，每个碳原子周围有 4 个等距离的碳原子，构成一个正四面体，所以金刚石密度大，更坚硬。而石墨的晶体结构则是层状，层与层之间距离较大，容易滑动，所以石墨密度比金刚石小，而且质软并有滑腻感。

如果将石墨一层一层剥离开，最终能形成单层石墨，这就是石墨烯。科学实验证明，石墨烯是目前世界上可以稳定存在的最薄也是最坚硬的纳米材料，它具有许多新奇的量子特性。如果我们将层状的石墨卷曲起来，让边缘的碳原子也结成化学键，就可以构造出一个管状圆筒，这就是碳纳米管。碳纳米管是一种一维纳米材料，它具有良好的力学、电学和化学性能。碳纳米管可以用于制作纳米探针、纳米逻辑电路甚至纳米机器，在医学和材料学领域有着重要的应用。

对碳的各种形态的单质的广泛研究开始于 1985 年人们发现的 C_{60} 材料。这一年的 9 月 4 日，在美国赖斯大学的化学实验室，美国化学家理查德 · 斯莫利、罗伯特 · 柯尔和英国化学家哈罗德 · 克罗托为了了解星际尘埃物质的组成，正在设法制得更微小的碳粒，他们利用激光在高温高压下照射石墨，激发出石墨蒸气，石墨蒸气在氦气中冷却后，却得到了一些不明物质。经过测定，他们发现这是一种由 60 个碳原子组成的分子，经过进一步的测定，最终他们确认了这种不明物质的“身份”——C_{60}。这种新的碳分子，由 60 个碳原子组成截角二十面体，包含 12 个五边形和 20 个六边形，类似足球表面的图案，因此被称为足球烯。由于美国建筑学家富勒经常采用类似的建筑结构，它也被称为富勒烯。克罗托等人因富勒烯的发现荣获 1996 年的诺贝尔化学奖，C_{60} 也因其高度对称之美被誉为“最完美的分子”。

C_{60} 的发现激发了人们对碳的同素异形体的研究热潮，理论上计算给出了各种可能具有稳定结构的碳单质。假如我们把 C_{60} 这个“足球”从中间“剖开”，还可以塞进 10 个原子，这就构成了 C_{70}。如此这般，我们可以不断剖开并塞进碳原子，直到最终许多碳原子形成了一个长长的管子——碳纳米管。如果将单壁碳纳米管当中“剪开”并铺平，就形成了单层石墨烯。如果将单层石墨烯“堆垒”起来，就回归到了多层石墨。另一方面，也可以将更多碳原子组合起来形成各种各样的“碳笼”，比如理论预言存在 540 个碳原子组成的碳分子 C_{540}。可见，碳元素单质的

“千变万化”，却是“万变不离其宗”。

碳元素单质广泛存在于各种碳元素相关的物理和化学过程中。2011年，英国华人科学家周午纵和他的同事发现，在蜡烛的火焰中存在各种碳的同素异形体，包括无定形碳、石墨、富勒烯，甚至微小的钻石颗粒。富勒烯、碳纳米管和石墨烯等多种碳元素形态的存在，让人们对自然界的多变性有了深刻的认识。

碳元素在地球上虽不算太少，但也不算太多，按质量计算，占地壳中各元素总质量的千分之四，按原子总数计算，则不超过千分之一点五，然而，碳的足迹却遍布全球。

除了我们上面说到的碳元素的单质外，木炭、煤、骨灰也是碳（含有一些杂质），被称为无定形碳。我国是世界上最早知道用煤作燃料的国家，早在3000多年前，我国便已用“黑石”（即煤）来取暖、烧饭。

碳的化合物及其应用

木头、煤、炭等燃烧后，生成二氧化碳。二氧化碳是无色、无味的气体，比空气略重。通过加压的方式，二氧化碳很容易变成无色的液体，降低温度，则变成雪花般的晶体——干冰。二氧化碳易溶解于水，汽水里便溶有二氧化碳。二氧化碳不助燃，化学灭火剂喷出的气体便是二氧化碳。人、动物、植物在呼吸时不断吐出二氧化碳。据统计，全人类每年呼出的二氧化碳达十亿八千多万吨，而全世界工厂、火车、轮船的烟囱，每年要吐出一百多亿吨二氧化碳。

煤不完全燃烧，会产生一氧化碳。一氧化碳是一种剧毒的气体，“煤气中毒”的“煤气”便是指一氧化碳。一氧化碳在工业上是重要的燃料

制“煤气”实验

和原料。一氧化碳燃烧产生蓝色的火焰，炉膛的煤层上常看见浅蓝色火苗，那便是一氧化碳在燃烧。

巨大的石灰岩也是碳的化合物——碳酸钙。石灰岩可以作建筑材料，用来铺路、造桥。石灰岩在石灰窑中灼烧后，可变成生石灰（氧化钙），生石灰常用作建筑黏合剂或用来粉刷墙壁。生石灰遇水后，变成熟石灰（氢氧化钙），同时放出大量的热，甚至可以煮熟鸡蛋。

石油，更是碳的化合物的“仓库”。石油是各种沸点不同的碳氢化合物的混合物，被誉为“工业的血液”。从石油中可提取出汽油、煤油、柴油，它们是工业上最重要的液体燃料，可用来开动各种内燃机。用石油作原料，还可制造塑料、合成纤维、合成橡胶等三大合成材料。

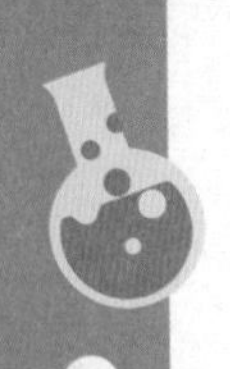

天然气常和石油矿“住”在一起。天然气的主要成分是甲烷，甲烷也是碳氢化合物，可用作气体燃料和化工原料。

碳，是生命的基础。一切动、植物体中的有机质，都是碳的化合物。蛋白质、油脂、淀粉、糖，以及叶绿素、血红素、激素，都离不开碳。在工业上，碳的化合物，如塑料、化学纤维、橡胶、香料、染料等也非常重要。有机化学工业绝大部分都是生产碳的化合物。

活泼好动的元素——磷

中文名：磷

英文名：Phosphorus

化学符号：P

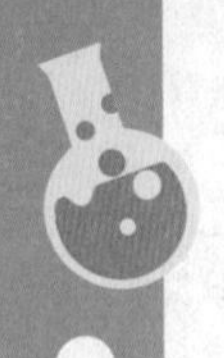

活泼好动的元素——磷

名片

中文名：磷

英文名：Phosphorus

化学符号：P

第二次世界大战期间，一支侦察小队偶然发现一座德国法西斯的秘密兵工厂，上级命令他们在三天之内必须摧毁这座兵工厂。

但德军对这座兵工厂的防守非常严密，对进出的人员盘查得非常严格，侦查小队的队员们根本混不进去。这可怎么办呢？

上级规定的时间一点一点地过去，侦察小队还没有想出一个好办法。正在大家冥思苦想之时，听到了老鼠的“吱吱”叫声，原来侦查小队的临时驻地进了老鼠。但这“吱吱”的叫声却给了小队中以前做化学老师的一名队员灵感，他想出了一个办法。

这天晚上，侦察小队带了十多只老鼠到兵工厂的围墙外。他们在老鼠身上涂满溶解有白磷的二硫化碳溶液，然后把它们赶进了兵工厂。随着二硫化碳的不断挥发，白磷逐渐暴露在空气中，就燃烧了起来。这些被烧着的老鼠在兵工厂内四处乱窜，有的钻进了火药库，在“轰隆”一声巨响中，整座兵工厂就爆炸了。

故事中起了大作用的白磷是磷元素的一种单质，平时穿着一件白色的“外衣”，所以才叫它白磷，它还有个“孪生兄弟”，因为总穿着一件鲜艳的红“衣服”，人们叫它红磷。虽然这两“兄弟”都是磷元素的单质，可是性格却相差很远。白磷看着软绵绵的，一把小刀就能把它切成两半，但它非常活泼，脾气也比较“暴躁”，即使把它“孤零零”地放在空气中，它也能自己燃烧起来，所以人们只得把它关在水里或煤油中。但它的“兄弟”红磷却是老实内敛的性子，只要不去“招惹”它，它自

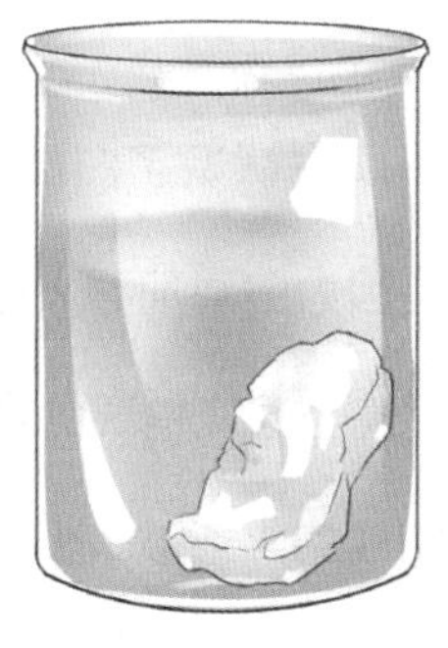

红磷和白磷

己在空气中绝不会燃烧起来。

有趣的是，红磷和白磷“兄弟俩”的性格虽然差异很大，却可以互相变换。白磷只要隔绝空气，加热到 250℃，它就会变成红磷；相反，把红磷加热到很高温度，让它变成气态，当气体冷却变回固态时，就会变成白磷。

磷元素的发现历史

关于磷元素的发现，还得从欧洲中世纪的炼金术说起。那时，盛行炼金术，据说只要找到一种聪明人的石头——哲人石，便可以点石成金，让普通的铅、铁变成贵重的黄金。炼金术家们仿佛疯了一般，朝思暮想地寻觅着点石成金的哲人石。

1669 年，德国汉堡一位叫布朗特的商人在炼金过程中，意外地得到一种像白蜡一样的物质，在黑暗的小屋里闪闪发光。这种从未见过的物质发出神奇的蓝绿色的火光。他发现这种火不发热，不引燃其他物质，是一种冷光。于是，他就以“冷光”的意思命名这种新发现的物质为“磷”。

磷的重要作用

人们最早先认识了白磷，知道它活泼的性格后，就想利用它来制造火柴。可是因为白磷那“火爆”的脾气，轻微的摩擦、碰撞就能让它“火冒千丈”，甚至温度稍高的环境也能引得它自燃起来，引发了不少事故，后来白磷制成的火柴被人们称为“不安全火柴”。直到人们发现了它的“兄弟”红磷后，让红磷接替白磷的工作，才终于制成了“安全火柴”。

磷元素在人体内也起着非常重要的作用。在人体中磷元素特别愿意住在人体的支架——骨骼里，帮助人们支撑起整个身体，另外，还有少部分住在骨骼的邻居——肌肉里，协助人们运动。只有非常少量的磷住在神经组织里，让我们能够思考。但若没有了磷，人的一切思维活动就会立即停止。可以说，磷是“思维的元素”。

当人去世后，身体会渐渐被分解，这时磷元素就经常和氢元素“手拉手”地出来恶作剧，吓唬大家，这就是我们传说中的“鬼火”。过去，很多地方都流传着这样一个传说，人死后会变成鬼，鬼害怕光，所以白天不敢出来，只在晚上出现。它们出来时，会发出一团团绿幽幽的火焰，跳跃不定，它会跟着人，人停它也停，人跑它也跑。人们称这种绿油油的火焰为“鬼火”。其实，它是人体中的磷元素在分解时跟氢元素形成的磷化氢气体，它和白磷一样性格活泼，自己在空气中就能燃烧起来，发出绿油油的光。

那有些人可能就会问了，如果只是燃烧的火焰，它怎么会跟着人走呢?

其实这也很好理解。在夜间，特别是没有风的时候，空气一般是相对静止的。当人走起来，就会带动自己身边的空气流动起来，而空气的流动则会推动“鬼火”也跟着运动起来。当人停下来时，空气的流动相对停止了，“鬼火”自然也跟着停了下来。过去的人们对科学认识不够，无法解释这种自然现象，会认为这是“鬼”出现的标志，其实这是自然界的磷在和我们“开玩笑”。

澳大利亚的渔民发现的“喷火鱼”和非洲发现的“发光树”都是因为磷的化学性质而产生的奇特现象。

除了在人体中发挥重要作用外，磷元素在工农业生产中也有着重要的作用。

在农业生产中，部分庄稼对磷和氮是按照一定的比例来吸收的，如果地里的磷不足，庄稼吸收的氮就少；如果地里的磷多了，庄稼对氮的吸收也多。所以，人们根据这种特点，通过对这类庄稼施加一些磷肥，来让它多吸收氮肥，进而提高庄稼的产量。这就是“以磷增氮”，农民也把它称为“小肥换大肥”。

在工业中，许多工厂都需要用锅炉来烧水。如果工厂用的水是地下水，由于水中含有微量的碳酸氢钙，受热后，它就会分解生成一种被称为碳酸钙的化合物，而碳酸钙是一种不溶于水的沉淀物，它会不断沉积在锅炉的底部，日积月累，越来越厚，人们把它称作水垢。水垢不能传导热量，当锅炉里沉积的水垢多了以后，要把水烧开就要消耗更多的燃料，有时还会造成锅炉爆炸事故，非常危险。这个时候，我们可以利用一种磷的化合物——磷酸钙，帮助我们除去水垢。只要在水中加入极少量的磷酸钙，反复地煮上几次，水垢就可以自动疏松、脱落下来。

除了除水垢，用磷酸盐的溶液浸泡已经加工好的钢铁工件，溶液中的磷酸根离子和铁离子会形成一种难溶的化合物，并且能够进一步反应形成一层致密的磷化膜，覆盖在工件表面，阻止铁继续和氧反应，使钢铁制品的腐蚀和生锈情况大大缓解，就可以避免了部分经济损失。

脾气古怪的气体——氮

中文名：氮

英文名：Nitrogen

化学符号：N

脾气古怪的气体——氮

名片

中文名：氮

英文名：Nitrogen

化学符号：N

1844年12月10日，美国哈德福特城举行了一场别开生面的笑气表演大会。在舞台前一字排列着8个彪形大汉，他们是组委会特地请来处理志愿吸入笑气者可能出现的意外事故的。有位名叫库利的药店店员走上舞台，志愿充当吸入笑气的受试人。当库利吸入笑气后，他欢快地大笑起来。但由于笑气的数量控制得不好，他一时失去了自制能力，笑着、叫着，向人群冲去，结果被前排的椅子绊倒，大腿鲜血直流，他却没有表现出丝毫痛苦的神色。有人问他痛不痛，他摇摇头，站起身就离开了。库利的一举一动，引起观众席上的一位牙医韦尔斯的注意。他想，库利摔得不轻，为什么感觉不到疼痛？是不是笑气有麻醉的作用？当时，因为人们还没有生产出麻醉药，病人拔牙很痛苦。于是，韦尔斯决定拿自己来做实验。有一天，韦尔斯吸入笑气后，坐到手术椅上，让助手拔掉他的一颗牙齿。牙拔下了，韦尔斯却一点也不觉得疼。于是，笑气作为麻醉剂很快进入了医院，并被长期使用着。

上述故事中的笑气是氮元素的一种氧化物——一氧化二氮。它是一种无色、带有甜味的气体，对人体有特殊的麻醉作用。但如果人闻多了这种气体，就会止不住地大笑起来。

据说一位化学家最先发现这种气体的特殊性质，他便跟自己的朋友开了一个玩笑。他把朋友请到了自己的实验室，告诉朋友自己发现了一种非常好闻的气体，说完便拿出了一个装有该气体的小玻璃瓶。他的朋友十分好奇，就打开瓶塞使劲地闻了起来。当这位化学家问他的朋友觉得味道怎么样，他的朋友刚张开口，便不由自主地大声笑了起来，好一会儿才止住，于是人们就把这种气体称为笑气。

氮元素的发现历史

1772 年，英国化学家卢瑟福把老鼠放进密封的器皿里，等老鼠闷死后，发现器皿内空气的体积减少了十分之一，若器皿内剩余的气体再用碱液吸收，则又失去十分之一的体积。通过进一步研究剩余气体的性质，

他发现该气体不能维持动物的生命，不能灭火，且不溶于苛性钾（氢氧化钾）溶液，因此他将其命名为“蚀气”或“恶气”，但卢瑟福并不相信这种“蚀气”是空气的一种成分。

同时，瑞典化学家舍勒也在从事这一研究，他用硫酐吸收大气中的氧气，并取得氮气，他将其称为“秽气”。法国化学家拉瓦锡则把它称作“Azote”（非生命气体）。1790 年，法国化学家查普塔把它称作“Nitrogen”（氮），意指它是某种可以构成硝石的东西。

氮的重要作用

氮元素在我们的生产、生活中起着重要的作用。

氮气是氮元素形成的单质，跟空气有很多相同点，在常温下，它们都是无色、无味的，它们的密度相近，氮气只是稍微比空气轻一些。但当人们把温度降到约 - 200℃时，氮气就会变成无色的液体，如果再降低温度，它还可以变成雪花一样的白色固体。

液态的氮虽然“貌不惊人”，但“才能”却很出众，在现今的生产、生活中有很多重要的应用。液氮，作为火箭燃料的推送剂，用高压把火箭燃料推向燃烧室，安全性能良好。英国一家化学公司则发明了一项液氮冷却混凝土技术，用液氮给混凝土降温以消除混凝土凝固时出现的裂痕。液氮在医学上也有着重要的应用，外科手术中的“冷刀”实际上应用的就是液氮。液氮是目前为止发现的一种最好的制冷剂，把它注入低温医疗器内，就像手术刀一样，用来做手术，可以减少手术中的出血现象。人们还发现，液氮可以在治疗早、中期癌症中使用，安全可靠，治愈率高，避免了因手术造成的器官损伤。液氮还可以用来迅速冷冻生物组织，防止组织被破坏。另外，利用液氮可使肉类、水产品等在几秒钟内速冻，这样能保持食品原有的味道、色泽和细胞组织，使其贮存周期达 6~16 个月。

在常温下，氮气十分“懒”，既不助燃，也不能帮助呼吸，所以最初人们都认为它是一种“无用的空气”。之后人们对它的使用，也只是利用它“懒”的性质，例如，在电灯泡里灌上氮气，以放慢钨丝的挥发速度来增加电灯泡的寿命；博物馆将那些贵重而罕有的画页、书卷保存在充满氮气的环境中，以防虫蛀。

然而，氮气只是在常温下很“懒”，一遇高温就会变得特别活泼，可以和许多物质反应，生成不同的氮的化合物。这些化合物在化学工业中十分重要，是制造炸药、氮肥、染料和硝酸的主要原料。

氮是生命的基础，植物生长离不开氮。如果缺少了氮，庄稼便长得又瘦又小，叶子发黄。据统计，全世界的庄稼，在一年之内，要从土壤里吸收 4000 多万吨的氮。但土壤中的氮含量很少，这怎么办呢？人们利用氮气在高温高压下可以与氢气化合生成氨，然后制成各种氮肥，再把氮肥撒在地里，就弥补了土壤中氮的不足。另外，有些豆科植物能够直接从空气中吸收氮气，自己制造氮肥。

硝酸铵就是一种常用的氮肥，它含氮量高，肥效大，但它也是一种“脾气火爆”的物质。1921 年，德国一家化工厂的仓库里堆放着一大批待包装的硝酸铵，由于当时的天气多雨，空气很潮湿，加之长期存放，原来颗粒状的晶体受潮结成一个整块的坚硬固体。为了粉碎它，有人建议用小型炸药把它炸碎，厂长觉得这个建议很好，就按照这个办法做了，结果小型炸药竟引发了空前的大爆炸，不但整个仓库给炸没了，还留下了

一个 80 米深的大坑。这是为什么呢？原来硝酸铵也是制作炸药的一种原料，它在高温或受到猛烈撞击的情况下，会迅速分解，产生大量气体而引起爆炸。不仅硝酸铵，现在有很多种炸药是由含氮的化合物制成的。

除了化肥和炸药，随着化学工业的发展，人类制造了各种各样的氮的化合物，它们可以用来制造食品、药物、衣服、染料等。这些氮的化合物与人体健康有着十分重要的关系。

但有的氮的化合物也会对人体产生巨大的威胁。硝酸盐本来是无毒的，但食品中积累的硝酸盐，在特定细菌的作用下，会被转化为有毒的亚硝酸盐。亚硝酸盐能把血液中携带氧气的低铁血红蛋白氧化成高铁血红蛋白，使血液失去携带氧气的功能，因而出现一系列缺氧的中毒病状，症状严重时可以使人死亡。另外，还有一些含氮的化合物能引发癌症，比如亚硝胺是目前公认的一种致癌物质，人类如果长期少量接触它，可以诱发癌症，若一次大量接触，甚至会引发死亡。而这些氮化合物是我们人类看不见的敌人，它们严重危害着人类的身体健康，所以我们在生活中要避免食用腐烂的食物。

无味无嗅的非金属——硫

中文名：硫

英文名：Sulfur

化学符号：S

无味无嗅的非金属——硫

名片

中文名：硫

英文名：Sulfur

化学符号：S

在哥伦比亚的东部，有一座火山，火山下有一条长达500多千米的特殊的河。这条河里一条鱼也没有，河两岸寸草不生。要是哪个不知情的人喝一口这条河里的水，胃马上就像被火烤着似的难受，甚至会疼痛难忍。如果有人到这条河里游泳，过不了多久，就会皮开肉绽，一命呜呼，甚至连块骨头也留不下。

这条河是怎么回事儿呢？

原来，这条河的河底有许多孔洞与火山相通。火山喷发时，喷出的气体中有许多二氧化硫和三氧化硫，它们通过孔洞进入河水中，与水发生反应，形成了硫酸并溶解在河水中。随着火山一次次的喷发，硫酸的浓度越来越大，于是这条河就变成了一条腐蚀性极强的硫酸河了。

这其中提到的二氧化硫、三氧化硫和硫酸，都是硫元素形成的化合物。

硫在远古时代就被人们所知晓。大约在 4000 年前，埃及人已经会用硫燃烧生成的二氧化硫来漂白布匹，古希腊人和古罗马人也能熟练地使用二氧化硫来熏蒸消毒和漂白。

硫在我国古代被列为重要的药材。在我国古代第一部药物学专著《神农本草经》中所记载的 46 种矿物药品中，就有石硫磺（即硫磺）。

硫的燃烧实验

燃烧匙内放置硫粉，将铁丝螺旋部分在酒精灯上加热 15~20 秒，迅速将燃烧匙伸入集气瓶内，旋紧橡胶塞，向下移动铁丝使螺旋圈接触到硫粉，将硫粉引燃。硫粉在空气中燃烧，发出淡蓝色的火焰，同时会生成一种带有刺激性气味的气体，即二氧化硫。

硫的重要作用

火药是我国古代人民的四大发明之一，那时的火药是把硫黄、硝石和木炭按照一定的比例混合而成的。从这里就可以看出，我国古代人民很早就发现和利用硫元素。硫元素形成的单质——硫具有鲜亮的橙黄色，它在燃烧时会发出一种难闻的臭味。古代西方人对这种臭味十分迷信，

认为它能驱除一切妖魔鬼怪和所有邪恶的力量，因此他们在清扫房屋的时候经常要燃烧硫。

硫虽然不能驱鬼，但确实有杀菌的作用。古时的医生就用硫黄治疗皮肤病。除了治疗人类的病痛，它还是农田里的杀虫能手。人们很早就学会把硫黄研得很细，撒在庄稼的叶子上来对付害虫。现在，人们又研制出许多种高效农药，它们都含有硫。

硫最重要的用途是制造它的化合物——硫酸。硫酸，是重要的化学工业原料，很多工厂的生产都要用到它。例如，炼钢、炼油要用大量的硫酸进行酸洗，制造人造棉要用硫酸作凝固剂，制造硫酸铵、过磷酸钙等化肥也要消耗大量硫酸，等等。此外，染料、造纸、蓄电池等工业制造以及药物、葡萄糖等的生产中，都离不开硫酸。当然，现在的工业生产中，硫酸不再用硫黄作原料，而使用硫的化合物—— 黄铁矿（二硫化亚铁）作原料。

硫在橡胶工业中也起着非常大的作用。橡胶最重要的性质就是弹性。但天然橡胶的强度不够，虽然有弹性，却很容易拉断，尤其对温度变化很敏感，气温一高它就又软又黏，很难应用于实际。在 1800 年橡胶第一次被运到美国时，人们只是利用它不怕水的特性，把它涂在鞋子外面当雨鞋使用。为了克服天然橡胶的缺点，人们在天然橡胶中加入了硫。硫原子能把橡胶分子互相连接起来，使橡胶分子的线型结构变为网状结构，大大提高了橡胶的强度，这样生产出来的橡胶就是大名鼎鼎的硫化橡胶。硫化橡胶受热不黏，遇冷不脆，性能优越，所以被广泛用来制造各种橡胶制品。

硫的另一种重要化合物是硫化氢，臭鸡蛋会发出一种奇怪的臭味，

硫窑示意

就是硫化氢的气味。它对人体有毒，人吸入含千分之一硫化氢的气体就会中毒，浓度更大时，会使人昏迷，甚至会因呼吸麻痹而死亡。虽然它有这么大的危害，但人们也可以利用它为我们的生活服务，例如，在工业上，可以用硫化氢制造各种各样的硫化物和硫化染料，还可以把它作为一种厉害的还原剂。

在 20 世纪 90 年代初，某座古城下了一场雨。雨后几天，城郊几千亩（1 亩≈ 666.667 平方米）地里的庄稼陆续死亡，此后，该地的庄稼就一直长势不旺。一些迷信的老人就说，这是因为有人做了恶事，惹

怒了上天，因而上天降下灾祸，来惩罚大家。

刮风下雨是正常的自然现象，根本没有“天谴”。可是这场雨的确有些奇怪，它是怎么产生的呢?

原来，随着工业生产的不断发展，人们往空气中排放的二氧化硫越来越多，这些二氧化硫进入空气中后，遇见水蒸气就会溶解在其中，形成亚硫酸小液滴，这些亚硫酸还可能进一步被氧化，形成硫酸。降雨时，这些亚硫酸、硫酸小液滴也随之降落到地面。因为亚硫酸、硫酸而呈酸性，所以这种雨被称为酸雨。

酸雨会严重破坏木科和草本植物的新陈代谢，使它们的生长停止，酸性过强时甚至能直接杀死它们。酸雨会影响鱼类的生活，在酸性过强的水域中鱼类不能生存。另外，酸雨还能腐蚀金属制品，使它们生锈。可见，酸雨会破坏我们的生活环境。

无机世界的“主角”——硅

中文名：硅

英文名：Silicon

化学符号：Si

无机世界的“主角”——硅

名片

中文名：硅

英文名：Silicon

化学符号：Si

大家对于竹子应该是比较熟悉了，在我国古代，人们常将它与梅、兰、菊并称为“四君子”。竹子能被称为“君子”，其重要的特点之一是具有崇高坚韧之节，即竹子虽然又细又高，但无论多大的风也无法将它吹倒。

竹子为什么不怕风吹呢？

原来，在竹子的茎干中含有丰富的硅的化合物，它能帮助竹子增加强度和韧性，所以竹子的茎干十分坚韧挺拔，风拿它一点办法也没有。

竹子在禾本科中还有两个小“兄弟”——小麦和水稻，但它们却没有一点“骨气”，一遇风就会趴在地上，因而庄稼会大量减产。

那么，怎么才能让它们也像竹子一样不怕风吹呢？现在，人们可以在田地里撒上一些可溶性的硅酸盐细菌肥料，就能解决这个问题了。原来，在小麦和水稻中，硅的含量很少，所以它们的茎十分柔软，很容易倒伏，当给它们施加含有大量硅的化肥，植物吸收之后，就会“增强体质”，使它们的茎更加坚韧，这样它们也就变得不怕风了。

这里我们提到了一种重要的元素——硅。如果说碳是有机世界的“主角”，那么，作为碳的同族兄弟的硅则可以当仁不让地被称为无机世界的“主角”。

硅是地壳中含量第二丰富的元素，仅次于氧占地壳总质量的 26%；而在地壳中，绝大部分硅是以二氧化硅的形式存在的，据统计，二氧化硅占地壳总质量的 87%，这也就是说，硅和氧这两种最多的元素所形成的无机化合物，占据了地壳质量的大半。重要的岩石，如长石类、辉石类、角闪石类和云母类，都含有二氧化硅。砂子中也含有大量的二氧化硅。最纯净的二氧化硅要属石英了。具有六面角柱形，头上带有六面角锥的透明无色的石英结晶，便是水晶。水晶硬而透明，能很好地透过紫外线，折光率大，在光学上具有重要用途。水晶眼镜，便是用水晶磨成的。水晶图章，美观而且耐用。

所有的植物都含有硅，特别是马尾草和竹子中含硅最多。动物中含硅较少，海绵、鸟的羽毛、动物的毛发中都含有硅，人体中含硅量约为

万分之一。

硅的发现历史

1787 年，拉瓦锡首次发现硅存在于岩石中。到 1811 年，盖 · 吕萨克和泰纳尔加热钾和四氟化硅得到不纯的无定形硅，并将其命名为“Silicon”。

1823 年，硅首次作为一种元素被贝采利乌斯发现。他于一年后提炼出了无定形硅。1824 年，他通过加热氟硅酸钾和钾获取了硅。这个产物被硅酸钾污染，但他把它放在水中搅拌，则会发生反应，从而得到了相对纯净的硅粉末。

硅的重要作用

硅在常温下比较“文静”，但在熔融状态就变得特别活泼好动，能和许多物质发生化学反应，所以在自然界中人们很少发现单独存在的硅。

人们早在远古时代就和硅的化合物打交道了。但到 19 世纪初，法国化学家才发现了不纯的无定形硅，不过，当时人们对它很不了解。直到 10 多年后，人们才肯定它是一种新元素，又过了 30 多年，人们才看到了硅的真面目。粉末状的纯硅，是棕褐色的，在空气中可燃烧变成二氧化硅。如果把粉末状硅溶解在熔化了的金属（如锌、镁、银）中，慢慢冷却，可制得结晶硅。结晶硅具有钢灰色金属光泽，具有显著的导电性。纯净的结晶硅（含硅量达 99.9999% 以上），是现在最重要的半导体材料之一。

在人们发明了晶体管后的一段时间里，用来制作晶体管的主要材料其实是锗，因为锗比硅更容易提纯。但硅的半导体性能比锗优越得多。

硅能在 200℃下工作，而锗只能在 80℃以下工作；纯硅在室温下的本征电阻率为 23 万欧姆 / 厘米，而锗只有 46 欧姆 / 厘米，随着制备高纯度单晶硅工艺的提高，硅的使用已远远地超过了锗，成为半导体材料的后起之秀。

硅可以和碱反应放出大量的氢气。制备 1 立方米的氢气只需 0.63 千克的硅，如果改用金属的话，则需 2.9 千克的锌或 2.7 千克的铁。在工业上，用焦炭在电路中还原二氧化硅（石英）来制取纯硅。

纯硅除作为半导体材料外，其用途并不广泛，人们现在更多的是利用硅的化合物。

硅的化合物中，最重要的是二氧化硅，它是重要的工业原料。二氧化硅与碳酸钠、石灰石一起经过熔炼可以生产玻璃。因此，玻璃工业每年消耗几百万吨的砂子（主要成分二氧化硅）。用纯二氧化硅——石英制成的石英玻璃，能耐高温，即使剧烈灼烧后立即浸到水里也不会破裂。由于石英玻璃能很好地透过紫外线，所以常用来制造光学仪器。纯净的玻璃是无色的，但在其中加入不同的化学元素，可使玻璃产生不同的颜色。电焊工人所戴的蓝色护目镜片，是加了氧化钸或氧化钕。若加入氧化铁，玻璃则呈黄色；若加入极细的金粉、铜粉或硒粉，则玻璃呈红色；若加入极细的银粉，玻璃则呈黄色。

黏土的主要成分是硅铝酸盐矿物。大量黏土被用来和石灰石一起煅烧，制成水泥。黏土也被用来烧制砖、瓦等建筑材料。纯净的黏土——高岭土，是制造瓷器、陶器最重要的原料。玻璃、水泥、陶瓷、建筑材料等的制造业，均以硅为“主角”，所以被合称为“硅酸盐工业”。

硅和碳的化合物——碳化硅，俗称金刚砂，是无色的晶体，含有杂

质时为钢灰色，它非常坚硬，硬度和金刚石相近。在工业上，常用金刚砂来制造砂轮和磨石。它耐高温，可用来做耐火的炉壁。

硅和氯的化合物——四氯化硅，是无色的液体，很易挥发，在 57℃就可沸腾。在军事上常被用作烟雾剂，因为它一遇水，便可水解生成硅酸和氯化氢，从而产生极浓的白烟。特别是海战时，水蒸气多，产生的烟雾会更浓。四氯化硅的成本比白磷低廉得多。

硅虽然是无机世界的“主角”，但是近年来，它在有机世界中也成为了引人注目的角色——人们制成了一系列有机硅化合物。一些药品瓶的内壁，如青霉素瓶，常涂着一层有机硅。这样，在使用后瓶壁上就不会留有药液。耸立在天安门广场上的人民英雄纪念碑，表面也涂着一层有机硅，这样可以防尘、防潮。有机硅塑料具有很好的绝缘性能，如果用它作为电动机的绝缘材料，可以使电动机的体积和质量都减少一半，而使用寿命却可以延长 8 倍多，并且在高温、潮湿的情况下都能使用。有机硅橡胶，无论在冰天雪地里（甚至低到 -90℃），还是在烈日酷暑中（甚至高达 350℃），都不龟裂、不老化，还可保持弹性，用它来制造汽车轮胎非常合适。

消毒的毒气——氯

中文名：氯

英文名：Chlorine

化学符号：Cl

消毒的毒气——氯

名片

中文名：氯

英文名：Chlorine

化学符号：Cl

自然界中游离状态的氯存在于大气层中，是破坏臭氧层的主要单质之一。大多数氯通常以氯化物的形式存在，常见的主要是氯化钠。

氯的发现历史

清晨，我们用自来水洗脸时，常会闻到一股刺鼻的气味。这就是氯气的气味。氯气，是黄绿色的气体，有股强烈的刺激性气味。

1774 年，瑞典化学家舍勒在从事软锰矿的研究时发现：软锰矿与盐

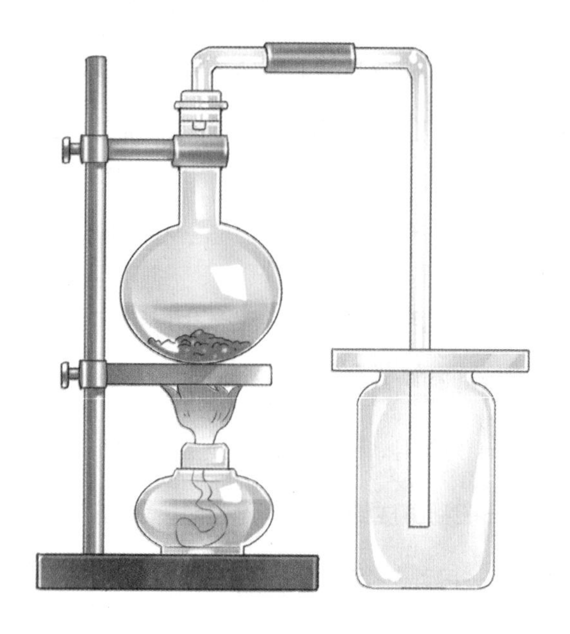

制氯实验

酸混合后加热就会生成一种令人窒息的黄绿色气体。当时，舍勒及许多化学家都坚信拉瓦锡的观点——一切酸中都含有氧。所以，他认为这种黄绿色的气体是一种化合物，并称它为“氧化盐酸”。

但英国化学家戴维却持有不同的观点，因为他想尽了一切办法也不能从氧化盐酸中把氧提取出来。他怀疑氧化盐酸中根本就没有氧存在。1810年，戴维以无可辩驳的事实证明了所谓的氧化盐酸不是一种化合物，而是一种化学元素的单质。他将这种元素命名为“Chlorine”。它的希腊文原意是“绿色”，中文译名为氯。

氯气的制取实验

在现代实验室中，仍是沿用瑞典化学家舍勒发现氯气时的方法，用在烧瓶中加热二氧化锰与浓盐酸的方法来制取氯气。但这种方法仅能制取少量的氯气，所以在工业上，是采用电解饱和食盐水的方法制备氯气。

氯的重要作用

氯气的化学性质很活泼，它几乎能跟一切普通的金属，以及除了碳、氮、氧以外的所有非金属直接化合。不过，氯在完全没有水蒸气存在的情况下，却不会与铁作用。这样，在工业上，液氯常常被装在钢筒里。装液氯的钢筒，一般都漆成绿色。(习惯上，装氧的钢筒漆为蓝色，装氨的钢筒漆成黄色，装二氧化碳的钢筒则漆成黑色。化工厂中输送这些气体的管道，也往往漆成这些相应颜色。)

氯气是一种呛人、令人窒息的有毒气体。在空气中，如果含有万分之一的氯气，就会严重影响人的健康。在制氯的工厂中，空气里游离氯气的含量最高不得超过 1 毫克 / 立方米。氯气中毒时，人会剧烈地咳嗽，严重的甚至会窒息或死亡。

氯气虽然有毒，但它却被人们用来给我们生活中每天都离不开的自来水进行消毒。人们往自来水里加入少量氯气，进行杀菌、消毒。另外，人们也常把氯气通入石灰水中，制成漂白粉，而漂白粉的有效成分是氯的一种化合物——次氯酸钙。漂白粉也可用于饮用水消毒。在工业上，漂白粉还被用来漂白纸张、棉纱、布匹，因为它在水中能分解，具有很强的氧化性。不过，漂白粉必须保存在阴凉的地方，它受热或见光，都会逐渐分解，失去杀菌、漂白的作用。

氯气能在氢气中燃烧，氢气也能在氯气中燃烧。燃烧后，都生成重要的氯化物——氯化氢。氯化氢是无色的气体，有一股刺鼻、呛人的气味。在工业上，氯化氢是制造聚氯乙烯的主要原料，聚氯乙烯是一种用途很广的塑料。现在，绝大部分塑料雨衣、塑料窗帘、塑料鞋底、人造革等，都是用聚氯乙烯塑料做的。1 吨聚氯乙烯塑料做成的人造革，可以代替 1 万张牛皮。

氯化氢气体很易溶解于水。氯化氢的水溶液是大名鼎鼎的强酸——盐酸。在化学工业上，盐酸是重要的化工原料，在冶金工业、纺织工业、食品工业上，也有广泛的应用。在人的胃中，也含有浓度约千分之五的盐酸，来促进食物的消化。有些人因胃液中缺少盐酸而引起消化不良的情况下，医生常给他们喝些稀盐酸。当然，浓盐酸是万万喝不得的，因为它具有强烈的腐蚀性。例如人们在焊接金属时，常在表面涂些盐酸，以便清除杂质。

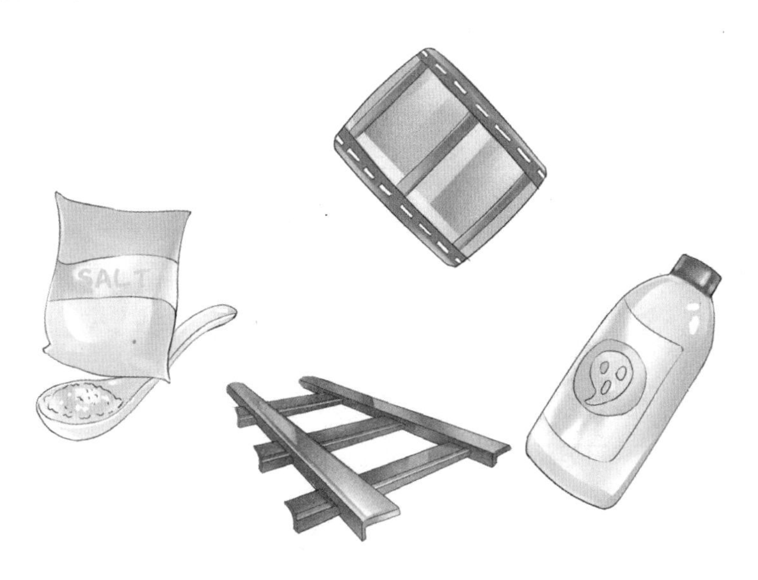

氯的部分化合物在生产、生活中的用途

氯的另一个重要化合物是食盐——氯化钠。食盐，除了是人们饮食中必不可少的一种调味品外，也是工业上制烧碱（氢氧化钠的俗称）、氯气和盐酸的原料。此外，氯的很多化合物在生产、生活有很多用途，如氯化钾，是重要的钾肥；无水氯化钙很易吸水，是常用的干燥剂；氯化银，是制造照相纸和底片的重要感光材料；氯化锌，则用作铁路枕木的防腐剂。

除了聚乙烯塑料外，氯的有机化合物也很多。氯化苦、敌百虫、乐果、赛力散等农药，都是含氯的有机化合物。三氯甲烷俗称氯仿，是医院中常用的环境消毒剂。四氯化碳是常用的溶剂和灭火剂。

以臭为名的液体——溴

中文名：溴

英文名：Bromine

化学符号：Br

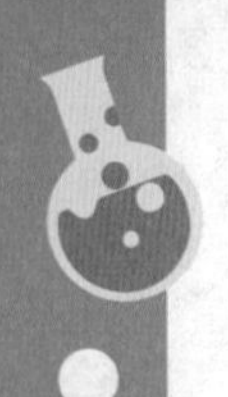

以臭为名的液体——溴

名片

中文名：溴

英文名：Bromine

化学符号：Br

溴是唯一在室温下呈现液态的非金属元素，为深红棕色发烟挥发性液体。溴元素在自然界中和其他卤族元素一样，基本没有单质状态存在。它的化合物常与氯的化合物混杂在一起，在一些矿泉水、盐湖水（如死海）和海水中含有溴。盐卤和海水是提取溴的主要原料。从制盐工业的废盐汁可直接电解得到溴。整个大洋水体中溴的储量可达 100 万亿吨。地球上 99% 的溴元素以 Br^- 的形式存在于海水中，所以人们也把溴称为“海洋元素”。

溴的发现历史

1826 年，法国的一位名叫波拉德的青年研究怎样从海藻中提取碘。他把海藻烧成灰，用热水浸取，再往里通入氯气，这样就能得到紫黑色的固体——碘的晶体。然而，奇怪的是，在提取后的母液底部，总沉着一层深褐色的液体，这液体具有刺鼻的臭味。这一现象引起了波拉德的注意，他立即着手进行研究，最后证明，这种深褐色的液体，是一种人们还未发现的新元素。波拉德把它命名为“滥”，按照希腊文的原意，就是“盐水”的意思。波拉德把自己的发现通知了巴黎科学院。巴黎科学院把这新元素改称为“溴”，按照希腊文的原意，就是“臭”的意思。

波拉德关于发现溴的论文发表后，德国著名的化学家利比息非常仔细地阅读了这篇论文，读完后，利比息深为后悔。因为他在几年以前，也做过和波拉德相似的实验，且看到过这一奇怪的现象。但利比息没有做进一步研究，他当时只凭空断定，这种深褐色的液体只不过是通氯气时，氯和碘形成的化合物——氯化碘。因此，他只在试剂瓶上贴了一张“氯化碘”的标签了事，结果这就与发现这一新元素失之交臂。从这以后，他把那张“氯化碘”的标签小心地从瓶子上取下来，挂在床头，作为教训，时刻提醒着自己要深入地进行科学研究。利比息在此后的科学研究工作中，也变得更加踏实，在化学上获得了许多可喜的成果。

溴的置换实验

将少量氯水滴入盛有溴化钾溶液的试管中，用力振荡试管，试管内的溶液由无色变为橙色；再向试管内注入少量四氯化碳溶液，用力振荡试管，然后静置；试管内液体分为上、下两层，上层为无色，下层为橙红色。使试管内的溶液变为橙色的即是单质溴，相比水，它更易溶于有机溶剂，如四氯化碳，所以它可以被四氯化碳从水中萃取出来，从而使四氯化碳层呈现橙红色。

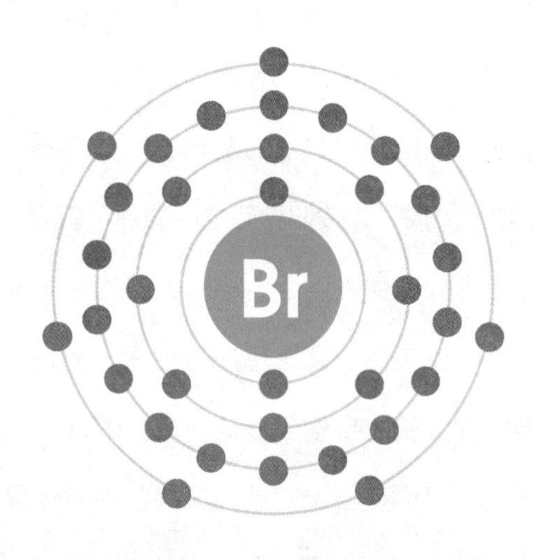

溴的原子结构示意图

溴的性质与重要作用

在所有非金属元素形成的单质中，溴是唯一在常温下处于液态的，所以它的元素名称“溴”含“氵”。溴很易挥发，其蒸气是红棕色的，毒性很大，气味非常刺鼻，并且能刺激眼黏膜，使人不住地流泪。在军事上，溴被装在催泪弹里，用作催泪剂。在保存溴时，为了防止溴的挥发，通常在盛溴的容器中加进一些硫酸。溴的比重很大，硫酸就像油浮在水面上一样浮在溴的上面，从而阻止其挥发。

溴的最重要的化合物，就是溴化银。这种化合物具有一个奇妙的特性——对光很敏感，受光照后便会分解。人们利用它的这种特性，制作胶卷、胶片等。使用胶片相机时，当你“咔嚓”按下快门的时候，相片上的部分溴化银就分解出银，从而得到我们所说的底片。我们平常所用的照相胶卷、照相底片、照相纸，几乎都涂有一层溴化银。人们在溴化银中加入一些增敏剂来提高胶片的质量。不久前，人们已经能把曝光时间缩短到十万分之一秒以至百万分之一秒拍下正在飞行中的子弹、火箭等，人们也能在菜油灯或者火柴那样微弱的光线下，拍出清晰的照片。

生物学家们发现，人的神经系统对溴的化合物很敏感。在人体中注射或人体吸收少量溴的化合物后，神经便会逐渐被麻痹。所以，溴的化合物——溴化钾、溴化钠和溴化铵，在医学上便被用作镇静剂。通常，都是把这三种化合物混合在一起使用，配成的水溶液就是我们常听到的“三溴合剂”，压成片的便是常见的“三溴片”，是现在最重要的镇静剂之一。不过，溴化物主要从肾脏排泄出去，代谢较慢，所以不适合长期服用，容易造成中毒。

近年来，我国用溴和钨的化合物——溴化钨制造新光源。溴钨灯非常明亮且体积小，主要用于电影摄影、舞台照明等方面。在高温时，碘钨灯中碘蒸气呈红色，会吸收一部分光，影响发光效率，而溴蒸气在高温时是无色的，因此，溴已逐渐代替碘来制造卤化钨新光源。

在有机化学上，溴也很重要，像溴苯、溴仿、溴萘、溴乙烷都是常

用的试剂。另外，在制造著名的汽油抗震剂——四乙基铅时，也离不开溴。

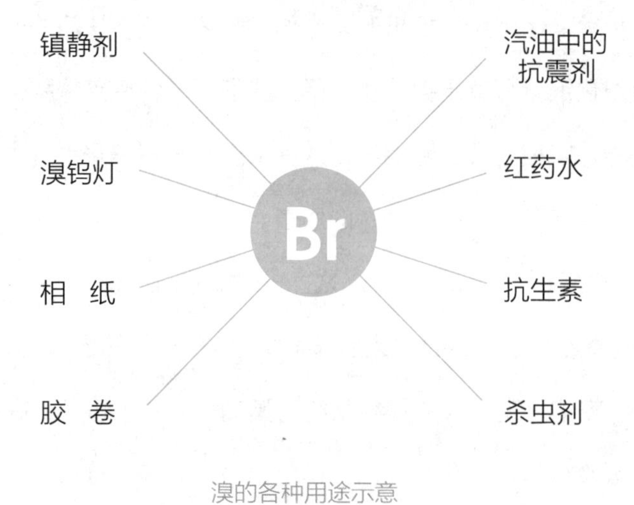

溴的各种用途示意

祸福相依的元素——硒

中文名：硒

英文名：Selenium

化学符号：Se

祸福相依的元素——硒

名片

中文名：硒

英文名：Selenium

化学符号：Se

硒是人体必需的一种微量元素，在人体内的含量约 14~21 毫克，广泛分布于除脂肪组织以外的所有组织中，主要以含硒蛋白质形式存在。

硒的发现历史

瑞典化学家贝采利乌斯在研究一种生产硫酸的方法时，偶然发现在焙烧一种黄铜矿时，铅室的墙上沉积出一层红色的残泥。当他把这种红泥加热时，意外地闻到了一股腐烂的萝卜臭味，他以为这就是硫，心里十分高兴。他推想这种黄铜矿一定是硫的新矿源，于是就收集了许多红泥，想从中提炼出来，可是竹篮打水一场空，他连硫的影子也没见到。

不过，他得到了一种莫名其妙的物质，它的化学性质跟硫十分相似。经过多次实验之后，贝采里乌斯认为这是一种新元素，于是他仿照硫（拉丁文原意是地球）给它起名叫硒（拉丁文意思是月亮）。

硒的重要作用

蒺藜子的功效，对古人来说是非常神奇的，现代科学却揭开了它的神秘面纱。原来蒺藜子中含有许多种人体必需的微量元素，尤其是硒的含量较为丰富。现代医学已经证明，硒具有抗癌、防治心肌病、抗衰老等作用，对人体健康十分重要。

看到这里，大家都会觉得硒真是一个好东西，是人体健康的福音。但下面的故事却又让我们看到了它的另一面。

1986 年的一天，新疆某个牧场上的牧民在长着茂盛紫云英的地上放牧良马。结果事情突生变化，在不到两小时内陆续有 35 匹马死亡，牧马人被当作毒杀群马的凶手拘留了起来。但奇怪的是，对死亡的马匹进行解剖时，却找不到马群死亡的原因，只是发现死马胃中有一些尚未消化的紫云英。但紫云英本身并无毒呀！后来，经过进一步的科学分析，人们才发现，死马胃中的紫云英含有浓度异常高的硒。紫云英从生长的土壤里吸收了大量的硒而变成了毒草。马群是被硒毒死的。

在北美洲，有一个叫作“鬼谷”的地方，这里土壤肥沃，气候适宜，草木茂盛，是一个美丽富饶的好地方。传说印第安人发现这片土地后，

就纷纷搬到了这里。可是，没过多久，住在这里的人都莫名其妙地死去了，于是人们就把这儿称为“鬼谷”。多年以后，欧洲殖民者也看上了这片土地，并移居到了这里，结果灾难再一次降临，许多人无缘无故地死去，幸存下来的人因恐惧迁居到了其他地方。后来，科学家们经过仔细地分析研究后发现，这里的土壤中含有大量的硒，通过饮用水、食物等途径进入人体，最终导致生活在这里的人因硒慢性中毒而死亡。

硒，究竟是福星还是祸星？其实，这就要我们学会从两个方面去看待问题。首先，硒是生物体必需的数十种微量元素之一，生物体中只要缺乏其中任何一种元素，都会处于非正常的生理状态，进而影响其生长和发育。如果人体中硒的含量太低，就会导致肝坏死和心肌病等。但某种元素过量时，则不论该元素对生物多么重要，它也会对生物体产生毒害，甚至危及它的生命。如果人体中的硒含量过高，会使人中毒以至死亡。

硒是自然界中分布很广的一种元素，据估计，地壳中的硒储量比锑、银、汞等大几倍到几十倍，比金子加上所有铂族元素的总和差不多还要大 100 倍。它和锗、硅的性能相似，是一种典型的半导体，在工业生产中有很大的作用。

金属

最亲民的元素——铁

中文名：铁

英文名：Iron

化学符号：Fe

最亲民的元素——铁

名片

中文名：铁

英文名：Iron

化学符号：Fe

铁的发现历史

18 世纪时，有一名叫狄斯巴赫的德国人，他是制造和使用涂料的工人，他最感兴趣的是研究各种有颜色的物质，希望能用便宜的原料制造出性能良好的涂料。

一次，狄斯巴赫将草木灰和牛血混合在一起进行焙烧，再用水浸取焙烧后的物质，过滤掉不溶解的物质以后，得到清亮的溶液。他把溶液蒸发以后，便析出一种黄色的晶体。当狄斯巴赫将这种黄色晶体放进三氯化铁的溶液中，便产生了一种颜色很鲜艳的蓝色沉淀。狄斯巴赫经过进一步的实验，发现这种蓝色沉淀竟然是一种性能优良的涂料。狄斯巴赫的老板为了高额的利润，对这种涂料的生产方法严格保密，为这种颜料起了个令人捉摸不透的名称——普鲁士蓝。

直到 20 多年后，才有化学家分析出普鲁士蓝是什么物质，以及它的生产方法。原来，草木灰中含有碳酸钾，牛血中则含有碳、氮两种元素，这两种物质发生反应，便可得到亚铁氰化钾，它就是狄斯巴赫实验得出的黄色晶体，由于它是从牛血中制得的，又是黄色晶体，因此许多人称它为黄血盐。它与三氯化铁反应后，得到亚铁氰化铁，也就是普鲁士蓝。

故事中的普鲁士蓝中便含有对我们的生活非常重要的元素——铁。

我国是世界上最早发明冶炼铸铁技术的国家。现有的证据表明，我国早在公元前 5 世纪就开始制造铁器，到公元前 3- 前 4 世纪，铁器的应用就已经很广泛了，而且冶铸水平也比较高。如 1950 年，我国考古工作者曾在河南辉县固围村发掘战国时代的魏墓，发现了铁制生产工具 90 多件，其中有铁犁、铁锄、铁镰刀、铁斧、铁链等。也就是说，我国人民早在近 3000 年前的周代，已会冶炼铸铁了。到了公元前 3- 前 4 世纪，我国铁器的使用便普遍起来。这说明我国使用铸铁的时间要比欧洲早出 1600 年。

自春秋以来，我国设有专门管理炼铁的“铁官”，也有专门经营炼铁的“铁商”。到了汉朝，我国已普遍使用熟铁制造工具来代替铸铁工具。到明朝时，我国铁的年产量已高达 45000 吨以上。明末宋应星著的《天工开物》一书，不仅对古代的炼铁技术做了详细的介绍，而且还通过插图对炼铁过程做了形象的描绘。

铁在地壳中的含量为 4.75%，就金属而言，仅次于铝，位于第二位。据不完全统计，到 1971 年，世界各国已查明的铁矿储量为 2500 亿吨，另外，还有 5000 亿吨属可利用的铁矿资源。铁是一种比较活泼的金属，在大自然中，纯净的金属铁很少，只有天外来客——陨石才几乎是纯铁，绝大部分铁都是以化合物的状态存在，如具有磁性的磁铁矿、紫红色的赤铁矿、棕黄色的褐铁矿、黑灰色的菱铁矿、金光闪闪的黄铁矿等，除了黄铁矿含硫太高，一般只用作制造硫酸的原料，不适用于炼铁，磁铁矿等都是炼铁的原料。

《天工开物》中的炼铁技术插图

铁的有关实验

在高温时，铁在纯氧中燃烧，剧烈反应，火星四射，生成四氧化三铁。（应注意：铁在氧气中燃烧火星四射的原因是铁丝中通常含有少量碳元素，而纯铁燃烧几乎不会有火星四射的现象。）

一般情况下，铁与稀硫酸反应生成硫酸亚铁，有气泡产生。但铁遇冷的浓硫酸或浓硝酸会钝化，生成致密的氧化膜（主要成分四氧化三铁），故可用铁器装运浓硫酸和浓硝酸。

铁的重要作用

纯净的铁其实是银白色的金属，富有延展性，但它的机械强度不高，在工业上不常用。我们通常所说的铁制品其实是“钢铁”。“钢”与“铁”是两回事，而且都不是真正的纯铁。在工业上，铁分生铁、熟铁两种——生铁含碳 1.7%~4.5%，熟铁含碳 0.1% 以下，而钢的含碳量在 0.1%~1.7% 之间。因此，生铁、钢、熟铁的不同，主要在于含碳量的不同。

随着含碳量的高低不同，生铁、钢、熟铁的性能大不相同，用途也不同。生铁很脆，一般是浇铸成型，所以又称“铸铁”，如铁锅、火炉等，在工业上用来制造机床的床身、蒸汽机和内燃机的汽缸等，它的成本比较低廉、耐磨，但没有延展性，不能锻打。熟铁所含杂质少，接近于纯铁，韧性强，可以锻打成型，所以又叫“锻铁”，如铁勺、锅铲等。钢的韧性好，机械强度又高，在工业上的用途最广。钢按含碳量的高低，分为三种碳素钢，即低碳钢（含碳低于 0.25%），中碳钢（含碳在 0.25%~0.6% 之间），高碳钢（含碳 0.6% 以上）。含碳越多，钢的

强度越大，硬度越高，但韧性、塑性越差。由于低碳钢的性能与熟铁相似，而成本比熟铁低得多，现在工业上大都用低碳钢代替熟铁，如制造铁丝、铆钉等。碳素钢广泛地用来制造各种机器零件，如齿轮、凸轮、螺帽、铁轨、钢筋以及日常生活中用的刀、手表壳、钢笔尖、针、剪刀等。另外，在钢中加入各种不同的金属或非金属，可以制成许多性能不同的合金钢。如含镍 36% 的镍钢几乎不因冷热而发生冷缩，可以用来制造精密仪表零件；含钨 18% 的钨钢，即使已炽热，仍非常坚硬，可以用来制造高速切割的车刀；含少量钒的钒钢，可使钢的弹性增加一倍，用来制造各种弹簧；含硅 2.5% 的硅钢可做成硅钢片，用作变压器的铁芯，不仅可减少变压器发热现象，而且能大量节约电能。

与铝之类的金属相比，铁有一个很大的缺点，就是容易被锈蚀。不过，如果铁在干燥的空气里，放几年并不会生锈，把铁放在煮沸的、纯净的水里，很久也不会生锈。只有在潮湿的空气或溶有空气的水中，铁才容易生锈。为了防锈，人们常在钢铁制品表面涂上油漆、陶瓷或镀上防锈金属，以隔绝空气和水来防止铁生锈。

除了钢铁外，铁元素还有许多重要的化合物。

氧化铁，是咖啡色的，常用的棕色颜料便是它（颜色深浅与粉末粗细有关）。此外，氧与铁的化合物还有两种——氧化亚铁和四氧化三铁，它们都是黑色的，但四氧化三铁表面闪着蓝光。时钟的针、发条等表面常是黑中透蓝，便是表面经过“发蓝处理”，即用化学方法使表面生成一层致密的四氧化三铁的薄膜，可以达到防锈的目的。

硫酸亚铁也是一种重要的铁的化合物。它本是白色的粉末，但常见的硫酸亚铁晶体通常是浅绿色的，那是因为其中含有结晶水。所以硫酸亚铁的俗名便叫“绿矾”。绿矾是十分重要的无机农药，也是制造蓝黑墨水的主要原料。

其实人们最早使用的蓝墨水是用蓝色染料溶解在水中配制而成的，写出的字迹虽然鲜艳，但是这些字迹碰到了水，蓝色染料就会再度溶解在水里，最后使字迹变得模糊。用蓝黑墨水写字不存在这个问题，用它写字，刚写出来的字迹是蓝色的，但不久以后，字迹便变成了黑色，这时再与水接触，就不会溶解在水里了。

为什么蓝黑墨水有这个特点呢？这是因为蓝黑墨水的主要成分是硫酸亚铁、鞣酸和没食子酸。当蓝黑墨水配制成后，其中的鞣酸和硫酸亚铁就会结合成鞣酸亚铁。而用蓝黑墨水在纸上写出字迹以后，纸上的鞣酸亚铁受到日光的照射和空气中氧气的作用，便被氧化为鞣酸铁。鞣酸铁再与没食子酸发生反应，产生没食子酸铁沉淀，没食子酸铁不但不会溶解在水里，还能牢固地附着在纸面上，使字迹不会被水弄得一片模糊，当然也不会褪色。正因为有这个原因，直到现在，在正式文件上或银行的存款单与取款单上，也都要求用蓝黑墨水书写。

铁是生命的动力。一个成年人的血液中，大约含有 3 克铁元素，相当于一根小铁钉的质量。虽然量不大，但这些铁元素在人体中却起着重要的作用。这些铁元素有 75% 存在于血红素中，因为铁原子是血红素的核心原子，如果人体铁元素含量不足，就会造成缺铁性贫血。

植物同样离不开铁，因为铁是植物制造叶绿素时不可缺少的催化剂。如果一盆植物缺乏铁元素，它的花很快就失去艳丽的颜色，叶子也发黄枯萎。

世界上很多岩石和土壤的颜色都是由铁的化合物引起的。这些颜色

丹霞地貌

有助于地理学家和土壤学家研究自然界中岩石和土壤的形成情况。深红色表明铁在炎热的热带气候条件下被氧化；橙色和黄色表明铁在凉爽的气候中被氧化形成铁的氧化物；而灰色、蓝色和绿色的形成则是由于在缺氧的环境中生成了铁的化合物，例如在深海中的不同颜色。由岩石形成的土壤，其颜色与母质岩石的颜色非常相似。但是，如果土壤受到了酸性水质的影响，土壤中的铁就会转移到溶液中，土壤的颜色会明显变浅。

跨越时代的“主角”——铜

中文名：铜

英文名：Copper

化学符号：Cu

跨越时代的“主角”——铜

名片

中文名：铜

英文名：Copper

化学符号：Cu

人类最早是用石器制造工具的，在历史上称为“石器时代”。接着，人们发明了炼铜并用铜制造工具，在历史上称为“铜器时代”或“红铜时代”。紧接着，人们又发明了炼制铜与锡的合金——青铜，大量用青铜制造工具的时代，在历史上称为“青铜时代”。铜，是人类在古代便发现了的重要的化学元素。

青铜的熔点比纯铜低，冶铸所需温度不太高，而且铸造性能比纯铜好，硬度大，所以它在古代比纯铜得到更普遍的应用。不过，由于铜矿、锡矿比较少，不能满足生产的大量需要。随着生产的发展，铜与青铜逐渐被铁所代替。

纯净的铜是紫红色的金属，俗称“紫铜”“红铜”或“赤铜”。纯铜极富有延展性。像一滴水那么大小的纯铜，可拉成长达两千米的细丝，或压延成比床还大的几乎透明的铜箔。纯铜最可贵的性质是导电性能非常好，在所有的金属中仅次于银。但铜比银便宜得多，因此进入电气工业时代，铜再次成了“主角”。纯铜的用途比纯铁广泛得多，每年有50%的铜被电解提纯为纯铜，用于电气工业。电气工业所用的纯铜，含铜达 99.95%以上才行。极少量的杂质，特别是磷、砷、铝等，会大大降低铜的导电率。铜中含氧（炼铜时容易混入少量氧）对导电率影响很大，用于电气工业的铜一般都必须是无氧铜。另外，铅、锑、铋等杂质会使铜的结晶无法结合在一起，也会影响纯铜的加工。

铜的有关实验

铜是不太活泼的重金属，在常温下不与干燥空气中的氧气化合，加热时能产生黑色的氧化铜；如果继续在很高温度下燃烧，就生成红色的二氧化铜。

在潮湿的空气中放久后，铜表面会慢慢生成一层铜绿（碱式碳酸铜），铜绿可防止金属进一步腐蚀，其组成是可变的。

铜的重要作用

铜有许多种合金，最常见的是黄铜、青铜与白铜。

黄铜是铜与锌的合金，因色黄而得名。不过，这“黄色”只是“一般来说”罢了。严格地讲，随着含锌量的不同，黄铜的颜色也不同。如含锌量为 18%～20%时，呈红黄色；含锌 20%～30%时，呈棕黄色；含锌 30%～42%时，呈淡黄色；含锌 42% 时，呈红色；含锌 50%时，呈金黄色；含锌 60%时，呈银白色。现在工业上所用的黄铜，一般含锌量在 45%以下，所以常见的黄铜大都是黄色。黄铜中加入锌，可以提高机械强度和耐腐蚀性。我国很早就会制造黄铜，早在 2000 年前的汉朝，便有不准使用“伪黄金”的法律，其实这“伪黄金”便是指黄铜，因为它外表很像黄金。至今，一些“金”字、“金”箔，便常是用黄铜做的。黄铜敲起来音响很好，因此锣、钹、铃、号都是用黄铜做的，甚至连风琴、口琴的簧片也用黄铜来做。黄铜耐腐蚀性好，多用来制造船舶零件。此外，在国防工业上，黄铜大量用于制造子弹壳与炮弹壳。

青铜是铜与锡的合金，因色青而得名。我国古代使用青铜制镜。据文献记载，唐太宗曾说，以铜为镜，可以正衣冠；以古为镜，可以知兴替；以人为镜，可以明得失。这“以铜为镜”便是指青铜镜。青铜很耐磨，青铜轴承是工业上著名的“耐磨轴承”，纺纱机里便有许多青铜轴承。青铜还有个反常的特性——“热缩冷胀”，因此用来铸造塑像，受冷膨胀，可以使塑像眉目清楚、轮廓正确。

至于白铜，则是铜与镍的合金，因色白而得名。它银光闪闪，不易锈蚀，常用于制造精密仪器。

铜受潮，易生成绿色的铜绿——碱式碳酸铜，这种化合物是有毒的，因此铜锅内壁常镀锡，以防生铜绿。

对于成年人来说，每天约需吸收 5 毫克的铜。如果进入人体的铜量不足，将会引起血红素减少，患贫血症。在人体中，铜主要聚集在肝脏和其他组织的细胞中。植物同样需要少量的铜。铜化合物（如硫酸铜），是微量元素肥料——铜肥。铜肥施在沼泽地区，能显著提高作物产量。

在大自然中，常见的铜矿是孔雀石。此外，黄铜矿和辉铜矿也是很重要的铜矿。在世界上，产铜较多的国家是赞比亚与智利。天然的纯铜，在大自然中不多，到目前为止，发现最重的一块纯铜为 420 吨。

铜的化合物中，比较重要的是硫酸铜与氧化铜。

硫酸铜俗称“蓝矾”。不过，纯净的无水硫酸铜并不是蓝色的，而是白色的粉末。含结晶水硫酸铜才是天蓝色的晶体。在化学上，常用无水硫酸铜来鉴别有机溶液中是否含水。例如，判断酒精是否是无水酒精，

用硫酸铜来鉴别有机溶液中是否有水

只需放进一点无水硫酸铜，如果硫酸铜变蓝了，就说明酒精中含水。在农业上，硫酸铜是著名的无机农药，其主要用来杀菌，而不是杀虫。

近年来，我国普遍推广使用氧化铜无机黏结剂。这种无机黏结剂是把磷酸与氢氧化铝混合，加热制成黏稠液体，然后倒到氧化铜粉末中，氧化铜是黑色的粉末。经过不断搅拌，调成黑色的“浆糊”。将这种黑“浆糊”涂在需黏结的金属表面后压紧，两三天后，两块金属就紧紧地粘在一起了。氧化铜无机黏结剂能把金属与金属、陶瓷与陶瓷、金属与陶瓷牢牢地黏合。刀具上的刀刃——硬质合金，以前是用焊接的方法，由于焊接时温度很高，往往会降低刀具的硬度，缩短使用寿命。改用氧化铜无机黏结剂黏合后，不用加热，黏合很牢固，使用寿命可延长一倍左右。用它黏结红宝石挤压器、弹簧夹片、玻璃仪器等的效果也很好。氧化铜无机粘结剂成本低廉，只及铜焊成本的十分之一，因而这种黏结技术是一项多快好省的新技术。

让人又爱又恨的元素——铝

中文名：铝

英文名：Aluminium

化学符号：Al

让人又爱又恨的元素——铝

名片

中文名：铝

英文名：Aluminium

化学符号：Al

传说在古罗马，某天，一个陌生人去拜见罗马皇帝泰比里厄斯，献上一只金属杯子。这个杯子像银器一样闪闪发光，却比银器轻得多。此人说这个杯子是他用从黏土中提炼出的新金属制作的。皇帝表面上表示感谢，心里却害怕这种光彩夺目的新金属会使他的金银财宝贬值，就下令把这个倒霉的人处死。从此，再也没有人动过提炼这种“要命的金属”

的念头。这种新金属就是现在大家非常熟悉的铝。

法国皇帝拿破仑三世为显示自己的富有和尊贵，曾命令官员给自己制作了一顶当时比黄金更名贵的王冠——铝王冠。他戴上铝王冠，神气十足地接受百官的朝拜，曾是轰动一时的新闻。拿破仑三世还是一个喜欢炫耀自己的人，常常大摆宴席，宴请天下宾客。宴会上，只有他自己使用一套铝质餐具，其他人只能用金制或银制餐具。1855 年，巴黎国际博览会上，曾展出了一小块铝，标签上写着“来自黏土的白银”，被放置在最珍贵的珠宝旁边。1889 年，俄国沙皇给门捷列夫颁发了铝制奖杯，以表彰其编制化学元素周期表的贡献。由此可见，在 19 世纪，铝是何等珍贵，可谓无限风光。因为在 19 世纪，从铝矿石中把铝提炼出来是极其困难的，所以铝是一种珍贵的金属，价格堪比黄金。

铝制餐具常常出现在拿破仑三世的宴会上

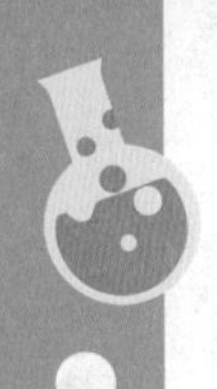

铝的发现历史

1825 年，丹麦的奥斯特首次从矿石中提炼出少量的纯铝。1827 年，德国化学家维勒用金属钾与无水氯化铝反应也制得了铝。但是因为钾太昂贵了，所以这种方法无法实现大规模生产。又过了 27 年，法国化学家德维尔将铝矾土、木炭、食盐混合，通入氯气后加热得到 $NaCl \cdot AlCl_3$ 复盐，再将此复盐与过量的钠熔融，得到了闪耀着金属光泽的小铝球。改用金属钠虽然极大地降低了铝的生产费用，但显然没有达到工业化生产的目的。

关键性的转折出现在 1884 年。这一年，21 岁的查尔斯 · 马丁 · 霍尔还是美国奥伯林学院化学系的学生。一次，他听一位教授（这位教授是维勒的学生）说：“不管谁能发明一种低成本的炼铝法，都会出人头地。”霍尔决定在自己家里开辟一个实验室提炼铝。他打算用戴维早期的一项发明：将电流通到熔融的金属盐中，可以使金属的离子在阴极上沉积下来，从而使金属离子分离出来。因为氧化铝的熔点（2050℃）很高，他必须物色一种能够溶解氧化铝而又能降低其熔点的材料。他最终选择了冰晶石。“冰晶石 - 氧化铝”熔盐的熔点仅为 930℃ ~1000℃，且冰晶石在电解温度下不被分解，并有足够的流动性。

在实验过程中，霍尔仔细地观察着实验现象，不断改进实验过程及实验装置。在 1886 年 2 月的一天，他终于看到小球状的铝聚集在阴极上。异常激动的霍尔带着一把金属铝球去见他的老师。后来，这些铝球被当作“王冠宝石”一样珍存于美国制铝公司的陈列厅中。廉价炼铝方法的发明，使铝这种在地壳中含量达 7.45%的元素从此成为一种广泛使用的材料，而发明家霍尔当时还不满 23 周岁。

非常巧合的是，一位与霍尔同龄的法国化学家埃鲁也在这年稍晚些时候发明了相同的炼铝法。霍尔与埃鲁在遥远的两大洲，同年来到人世，又同年发明了电解炼铝法，最终他们又都在 1914 年去世。所以之后人们一提起电解炼铝法，便总把霍尔和埃鲁的名字联在一起。

现在，铝已经成为大家生活中经常能接触到的一种金属，但许多人都认为铁是地壳中含量最多的金属元素。其实，地壳中含量最多的金属是铝，其次才是铁，铝占整个地壳总质量的 7.45%，差不多是铁的两倍。

铝的有关实验

铝是活泼金属，在干燥空气中铝的表面会立即形成致密氧化膜，使铝不会进一步氧化并能耐水。但铝的粉末与空气混合则极易燃烧，熔融的铝能与水猛烈反应。铝是两性的，极易溶于强碱，也能溶于稀酸。

铝的重要作用

铝是一种具有银白色光泽的金属，具有良好的延展性、耐腐蚀、能导电、能反射光和热、质轻。这些优良的性质决定了铝的广泛应用。

虽然铝比较软，但可制成各种硬度很高的铝合金，如硬铝、超硬铝、防锈铝、铸铝等。这些铝合金广泛应用于飞机、汽车、火车、船舶等制造工业。此外，宇宙火箭、航天飞机、人造卫星也使用大量的铝及铝合金。

铝的导电性仅次于银、铜，虽然它的导电率只有铜的三分之二，但密度却是铜的三分之一，所以输送同量的电，铝线的质量只有铜线的一半。铝表面的氧化膜不仅有耐腐蚀的能力，而且有一定的绝缘性，所以铝在

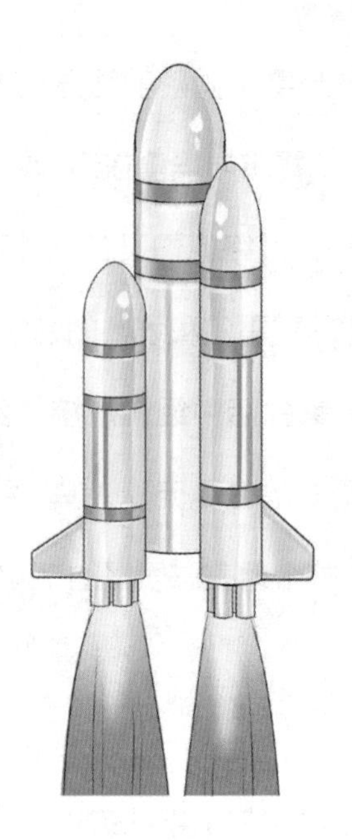

铝及铝合金也用于火箭的制造中

电器制造工业、电线电缆工业和无线电工业中有广泛的用途。

铝是热的良导体，它的导热能力比铁大三倍，工业上可用铝制造各种热交换器、散热材料和炊具等。铝在温度较低时强度反而会增加且无脆性，因此是理想的低温材料，可用于制造冷藏库、冷冻库、南极雪上车辆、氧化氢生产装置等。

铝有较好的延展性（仅次于金和银），在 100℃ ~150℃时可制成薄于 0.01 毫米的铝箔，用于包装香烟、糖果等，还可制成铝丝、铝条，也能轧制各种铝制品。

铝很容易与氧气反应生成氧化铝，但与铁被氧化生锈不同，铝材表面氧化会形成致密的氧化物保护膜，反而使其不会进一步受到腐蚀，于是铝常被用来制造化学反应器、医疗器械、冷冻装置、石油精炼装置、石油和天然气管道等。

铝在氧气中燃烧能放出大量的热和耀眼的光，常用于制造爆炸混合物（如铵铝炸药）、燃烧混合物（如用铝热剂制作的炸弹和炮弹可用来攻击难以着火的目标如坦克等）和照明混合物等。铝热剂常用来熔炼难熔金属和焊接钢轨等，铝还可用作炼钢过程中的脱氧剂。

铝粉和石墨、二氧化钛（或其他高熔点金属的氧化物）按一定比率均匀混合后，涂在金属上，经高温煅烧可制成耐高温的金属陶瓷，在火箭及导弹技术上有重要应用。

铝粉具有银白色光泽（一般金属在粉末状时的颜色多为黑色），常用作涂料成分，俗称银粉、银漆，以保护铁制品不被腐蚀，而且具有一定美观性。铝板对光的反射性能也很好，反射紫外线比银强，铝越纯其反射能力越好，因此常用来制造高质量的反射镜，如太阳灶反射镜等。

铝虽然应用非常广泛，但是铝的不当使用也会产生一些副作用。有资料报道称，铝盐可能导致人的记忆力丧失。澳大利亚一个私营研究团体认为，广泛使用铝盐净化水可能导致脑损伤，造成严重的记忆力丧失，这是早老性痴呆症特有的症状。

但在过去的 100 多年中，含铝的食物添加剂一直在食物加工过程中具有多种作用。它们通常在蒸糕、蒸包和烘焙食品中被用作膨胀剂，在食物混合配料粉中被用作抗结剂，在有糖衣的甜点中被用作染色料，并在部分地区的海蜇加工过程中被用作固化剂。食用加入含铝食物添加剂的食物是一般人从食物摄入铝的主要来源。鉴于铝可能对人体产生的毒副作用，人们在饮食中，一方面要保持均衡饮食，避免因偏食某几类食物（例如海蜇、蒸糕和松饼等）而摄入过量铝；另一方面在购买食品时，

注意食品成分表上的介绍，特别是所使用的食物添加剂及其食物添加剂国际编码系统编号，避免过多购买加入含铝食物添加剂的食物。

食盐里的金属——钠

中文名：钠

英文名：Sodium

化学符号：Na

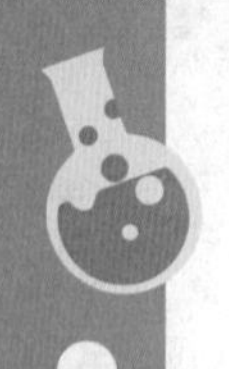

食盐里的金属——钠

名片

中文名：钠

英文名：Sodium

化学符号：Na

在我国2000多年前的著作《管子》一书里，有这样一句话：“十口之家，十人食盐；百口之家，百人食盐。”可见，我国在很早以前，便普遍地食用食盐了。过去，在我国西藏，甚至还把盐巴作为货币。

食盐大都来自海水。在海水中，水占96%，各种盐类占4%，而其中海盐占海水总量的3%。世界上每年食盐产量达4000万吨。据统计，正常的成人一天要摄取10~20克食盐，一年吸收5~10千克食盐。

在这雪白的食盐里，却隐藏着一种金属，这种金属就是钠。

钠的发现历史

19 世纪初，在伏特发明了电池后，各国化学家纷纷成功利用电池分解水。英国化学家戴维坚持不懈地从事于利用电池分解各种物质的实验研究。他希望利用电池将苛性钾分解为氧气和一种未知的“基”，因为当时化学家们认为苛性碱是氧化物。他先用苛性钾（氢氧化钾）的饱和溶液实验，所得的结果却和电解水一样，只得到氢气和氧气。后来他改变实验方法，电解熔融的苛性钾，在阴极上出现了具有金属光泽的、类似水银的小珠。一些小珠立即燃烧并发生爆炸，形成光亮的火焰，还有一些小珠不燃烧，只是表面变暗，覆盖着一层白膜。他把这种小小的金属颗粒投入水中，立即冒出火焰，在水面急速奔跃，发出呲呲的声音。就这样，戴维在 1807 年发现了金属钾。几天之后，他采用同样的方法，又通过电解碳酸钠发现了金属钠。

钠的有关实验

取一个 100 毫升的小烧杯，加入约 50 毫升水，然后取绿豆大小的钠投入水中。结果投入水中的钠浮在水面上，迅速游动，并有轻微的嘶嘶声，随后，钠融成一个光亮的小球。反应结束后，向该溶液中滴入酚酞，溶液变红，这是因为钠与水反应，生成了氢氧化钠的缘故。该反应还生成一种气体，收集这种气体，点燃，有爆鸣声，这是因为生成的气体是氢气。

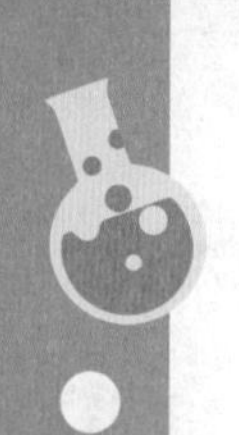

燃烧的钠

钠的相关实验

钠的重要作用

钠，是银白色的金属，比水还轻，十分柔软，可用小刀切成块。不过，它的化学性质非常活泼，一遇水便激烈地起化学作用，变成氢氧化钠溶解于水中。人们利用钠强烈的吸水性，在工业上常用钠作脱水剂。另外，金属钠熔点低，在 97.8℃就变成液体。液体钠是液体中传热本领最好的一种，比水银高 10 倍，比水高 40 到 50 倍，因此，在工业上常用液体钠作冷却剂。在空气中，钠还会和氧气化合，变成过氧化钠。因而，在电子管工业上，人们还用钠作吸气剂——用它吸收管内残余的少量氧气。平常，钠总是被浸在煤油中，与水、空气隔绝。钠的性质和锂、钾相近，但由于钠最便宜，因此金属钠应用比它们广，常用它代替锂或钾。

当然，食盐中所含的钠，并不是金属钠。食盐，是最重要的钠的化合物——氯化钠。氯化钠除了食用外，90%以上被用作工业原料。人们把食盐溶液电解，制得 3 种重要的化工原料——烧碱、氯气和氢气。用氯气和氢气可以合成氯化氢。氯化氢溶于水，便成了盐酸。

烧碱是氢氧化钠的俗称，又叫苛性钠，因为它的腐蚀性非常强，是两大强碱之一（另一强碱是氢氧化钾）。衣服上如果滴上烧碱，会很快烂出一个洞。烧碱滴在皮肤上，皮肤会腐烂。日子久了，甚至连盛烧碱溶液的玻璃瓶，也会被腐蚀、溶解。在工业上，烧碱被大量用来制造肥皂、人造棉、各种化工产品和精炼石油。炼钢和炼铝，也要消耗大量的烧碱。

另一个重要的钠的化合物是“纯碱”——碳酸钠，俗称“苏打”。最初，人们是从一些海生植物的灰中提取苏打，然而，产量非常有限。现在，人们用食盐、硫酸与石灰石作原料制造纯碱。我国化学工作者侯德榜，对制造纯碱的方法有重大的改进，创立了“联合制碱法”。纯碱是白色晶体，常用于洗濯，商业上称“洗濯苏打”。玻璃、肥皂、造纸、石油等工业都要消耗成千上万吨纯碱。

至于“小苏打”，则是另一种钠盐——碳酸氢钠的俗称。医治胃病的小苏打片、“苏打饼干”，便是用它做的。小苏打是细小的白色晶体，微有咸味，常用作发酵剂，因为它受热或受酸作用，很易放出二氧化碳气体，在面团中形成蜂窝状。

既然有“小苏打”，怎么能没有“大苏打”呢？其实“大苏打”指的也是一种钠的化合物——硫代硫酸钠，又称“海波”。它主要用作摄影上的定影剂，因为它能与卤化银起化学反应，形成易溶于水的银络合物，冲走胶片上多余的感光剂，起定影作用。此外，在纺织工业上，它被用来除去漂白后多余的氧。在分析化学上，硫代硫酸钠是著名的还原剂。

智慧的代言者——锌

中文名：锌

英文名：Zinc

化学符号：Zn

智慧的代言者——锌

名片

中文名：锌

英文名：Zinc

化学符号：Zn

“你在喝什么？你病了吗？”小明的同桌看到小明在喝一个瓶子里的液体，而这种瓶子跟自己感冒时喝的很苦的药一模一样，于是关心地问道。

“不是，我没生病。这是我妈妈让我喝的，说是给我补锌的，能让我变聪明，还能长得高。”小明说着，把插着吸管的药瓶送到同桌眼前晃了晃，然后接着喝起来，边喝边说：“味道也挺好的。”

“补锌？锌是什么？”小明的同桌听了小明的话，疑惑地问。

“嗯……”小明挠了挠头，“其实我也不知道是什么，我妈也没说，就说让我按时喝就对了。”

刚进入教室的陶老师听到了他们的对话，他说：“锌是一种活泼金属元素，是人体中最重要的微量元素之一。锌与生长发育密切相关，直接参与核酸及蛋白质合成，以及细胞的分裂生长与再生等。当人体内锌缺乏时，就会影响到神经系统的结构和功能，导致机体的生长发育受阻，产生认知损害，导致情绪不稳、多疑、抑郁、情感稳定性下降等。处于生长发育期的儿童、青少年如果缺锌，会导致发育不良。锌缺乏严重时，会导致‘侏儒症’和智力发育不良。所以适度补锌是正确的。不过，小明，你回家也要提醒你妈妈，如果要长时间给你喝这个的话，最好有专业医生的指导，因为如果锌摄入过量，会影响人体对铁、铜等的吸收，造成贫血。长期过量食用，有可能产生锌中毒，还会出现呕吐、头痛、腹泻、抽搐、贫血、血脂代谢紊乱及免疫功能下降等症状，还会使人的神经系统受到伤害，如引起神经元和胶质细胞损伤等。所以一定要注意呀！”

锌的发现历史

锌，是一种金属元素。一般认为锌是由德国化学家马格拉夫在 1746 年发现的。但其实，我国才是世界上最早发现并使用锌的国家。据考证，我国在汉代初（公元前 1 世纪）已开始利用锌这种金属。我国利用锌是从炼制黄铜开始的，黄铜即铜锌合金。我国在汉朝时，便有过这样的法律——不准使用“伪黄金”。据考证，这“伪黄金”就是黄铜。

我国炼制黄铜始于汉初，那么，炼制金属锌是从什么时候开始的呢？

据考证，最晚也应在明朝。明朝宋应星著的《天工开物》一书中《五金》一章，详细地讲述了如何用“炉甘石”升炼“倭铅”，即用碳酸锌炼制金属锌。炼锌要比炼铁、炼铜容易，因为锌的熔点只有 419℃，沸点也不过 907℃，况且锌又较易被还原。如果把锌矿石和焦炭放在一起，加热到 1000℃以上，金属锌被焦炭从矿石中还原出来，并像开水一样沸腾起来，变成锌蒸气。把这种蒸气冷凝后，便可制得非常纯净而又漂亮的金属锌结晶。过去，世界上都以为最早会炼制金属锌的是英国，因为英国在 1739 年公布了蒸馏法制金属锌的文献。其实，经过我国化学史工作者的考证，证明这个方法是英国人在 1730 年左右从中国学去的。据考证，在 16-17 世纪，我国制造的纯度高达 98%的金属锌，被以东印度公司为代表的西方殖民者从我国大量运至欧洲，后来，连我国炼锌的方法也被他们传至欧洲。至今，欧洲仍有人称锌为“荷兰锡”，这是因为东印度公司是由荷兰、英、法、葡萄牙等国开设的，锌的外表又酷似锡，所以被称为“荷兰锡”。

锌的有关实验

将锌片放入稀盐酸中，在锌的表面开始产生大量的气泡，随着反应的进行，锌逐渐溶解，气泡变大并逸出溶液。在反应过程中，还会产生大量的热量。逸出的气体可以用排水法收集到试管中，然后用拇指堵住试管口，将试管口向下靠近酒精灯火焰，松开拇指，此时会听到爆鸣声。这是因为锌与稀盐酸反应，放出氢气。

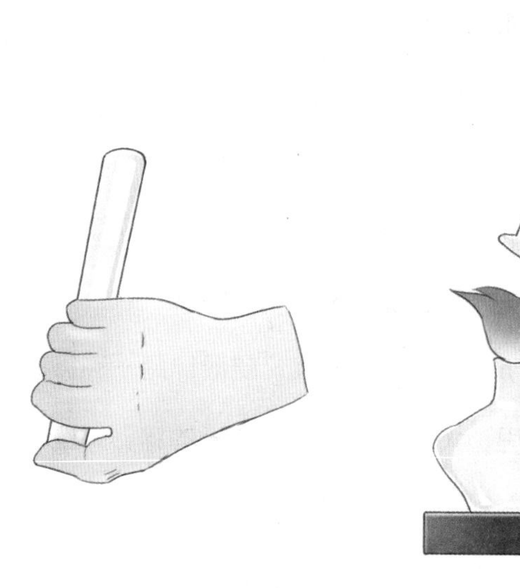

锌的有关实验

锌的重要作用

锌是银白色的金属。提水的小铁桶，一般是用白铁皮做的，在它的表面有冰花状的结晶，这就是锌的结晶体。在白铁皮上镀锌，主要是为了防止铁被锈蚀。但其实锌比铁却更易“生锈”。一块纯金属锌，放在空气里，表面很快就变成蓝灰色，这是因为锌与氧气化合生成了氧化锌。这层氧化锌非常致密，它能严严实实地覆盖在锌的表面，保护里面的锌不再生锈。这样，锌就很难被进一步腐蚀。正因为这样，人们便在白铁皮表面镀上一层锌防止铁生锈。每年，世界上所生产的锌，有40%被用于制造白铁皮等。

金属锌除了用来制造白铁皮外，也用来制造干电池的外壳。不过干电池外壳的锌是较纯的。此外，锌与铜也可制成铜锌合金——黄铜。

最重要的锌的化合物是氧化锌，俗名叫“锌白”，它是著名的白色颜料，用来制造白色油漆等。在室温下，氧化锌是白色的，但受热后会变成黄色，而再冷却时，又重新变成白色。现在，人们利用它的这个特性，制成“变色温度计”—— 用它颜色的变化来测量温度。

锌还是植物生长所不可缺少的元素。硫酸锌是一种微量元素肥料。据测定，一般的植物里，大约含有百万分之一的锌，有些个别的植物含锌量却很高，如车前草含万分之一的锌，芹菜含万分之五的锌。

锌在地壳中的含量约为十万分之一。最常见的锌矿是闪耀着银灰色金属光泽的闪锌矿，它的化学成分是硫化锌。现在，工业上常用闪锌矿来炼锌。

被寻找了20年的元素——钙

中文名：钙

英文名：Calcium

化学符号：Ca

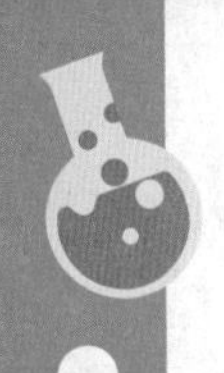

被寻找了20年的元素——钙

名片

中文名：钙

英文名：Calcium

化学符号：Ca

钙的发现历史

1808年3月，伦敦英国皇家研究所的实验室里，时任英国皇家学会秘书的戴维正面对着一堆“土”，希望能从中找到新的希望。

原来，这堆“土”不是一般的土，而是化学家拉瓦锡提过的碱土，而戴维现在要做的就是从碱土中寻找到新元素。1807年底，他用电解法从草木灰中提取出了钾，从苏打中提取出了钠。现在，这位已声名显赫的青年决定再接再厉，攻克这个困扰欧洲化学界 20 年的难题。

1789 年，拉瓦锡经过反复研究，完成了一篇关于化学元素的论文。文中将元素归为气体、金属、非金属及碱土四类。经过科学家们十多年的努力，前三类都或多或少被发现，但碱土类迟迟未被发现。戴维发现钾、钠元素后，认为拉瓦锡编制的元素表上，苛性钾（钾的化合物）和苛性钠（钠的化合物）两种物质的表格邻近记有几种碱土化合物，分别是石灰、苦土、重晶石和碳酸某矿。之所以叫碱土，一是因为很多土块里都含有它们，它们就像土一样，不怕火烧，不易溶于水；二是它们与酸发生中和反应，会生成盐。

“先分解石灰吧，这东西比较常见。但愿它能带给我新的希望，得到新的元素。”戴维告诉自己。但戴维多次尝试仍一无所获，直至一封来自瑞典科学家贝采里乌斯的信件，给戴维的研究带来了重要的启示。经过多次实验，他终于找到了正确分离石灰的方法。他先将湿石灰与氧化汞按 3:1 进行混合，加热到约 300℃后得到熔化物；再电解此熔化物，得到未知元素和水银构成的化合物；加热此化合物，蒸发掉水银后得到一种白色的金属单质。这就是一种困扰了化学界 20 年的碱土金属——钙。

戴维发现钙元素并为其命名后，一鼓作气，又发现了镁（源于苦土）、钡（源于重晶石）和锶（碳酸某矿）3 种碱土元素，同年还发现了硅、硼元素，加上之前发现的钾、钠元素，他共发现 8 种元素，他也成了历史上发现化学元素数量最多的科学家。

钙的有关实验

金属钙的化学性质很活泼。在空气中，钙会很快被氧化，蒙上一层氧化膜。加热时，钙会燃烧，射出砖红色的美丽光芒。钙和冷水的作用较慢，在热水中会发生激烈的化学反应，放出氢气。钙也很容易与卤素、硫、氮等化合。

钙的化合物中，有个非常常见的实验，就是二氧化碳气体通入澄清的石灰水（氢氧化钙溶液），石灰水变浑浊，这时，生成了碳酸钙沉淀。在生成的碳酸钙中加入稀盐酸，又可以释放出二氧化碳气体，并生成氯化钙。

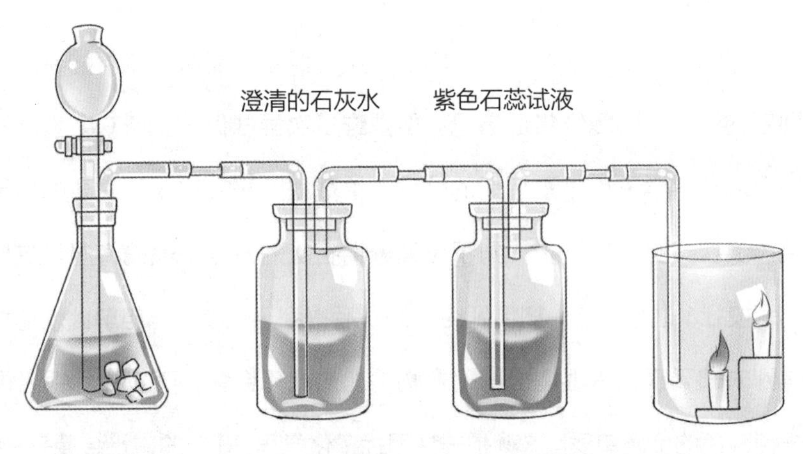

钙的相关实验

钙的重要作用

在工业上，金属钙的用途有限，一般可以作为还原剂，用来制备其他金属；可用作脱水剂，制造无水酒精；在石油工业上，可用作脱硫剂；在冶金工业上，可用它去氧或去硫。然而，钙的化合物，却有着极为广泛的用途，特别是在建筑工业上。

例如大理石，大理石是很名贵的建筑材料，因其盛产于我国云南大理而得名。大理石是石灰石中的一种，所以其主要化学成分仍是碳酸钙。石灰石大都是青灰色，坚硬、很脆。石灰石被用来修水库、铺路、筑桥。如河南林州市著名的“红旗渠”，就是用当地盛产的石灰石砌成的。

在石灰窑中，石灰石和焦炭混合在一起燃烧后，可以制成生石灰。生石灰的化学成分是氧化钙。生石灰是白色的石头，它很有趣，遇水会发生激烈的化学反应，变成白色的粉末—— 熟石灰，同时放出大量的热。在建筑工地上，经常可以看见工人往生石灰中加水。这时，如果往里面放个鸡蛋，足以把它煮熟。熟石灰的化学成分是氢氧化钙，能溶于水。人们把石灰水（氢氧化钙溶液）刷在墙上，起初的墙面并不怎么白，过段时间会越来越白。这是一场有趣的循环：人们采集自然界中的石灰石，在石灰窑中煅烧，石灰石放出二氧化碳，变成生石灰（氧化钙），生石灰作为建筑材料，在工地被工人加入水制成熟石灰，然后被涂抹到墙上，它和空气中的二氧化碳作用，又重新变成了碳酸钙。

除了碳酸钙外，硫酸钙也是钙的重要化合物，俗名石膏。在工业上，人们用石膏做成各种模型，来浇铸金、银、铝、镁、铜，以及这些非铁金属的合金。石膏被大量用来制造各种石膏像。不过，天然的石膏矿并不是雪白色的致密固体，外貌更像石蜡，这是硫酸钙含水结晶体。

天然水，如河水、湖水、江水中，常含有一些可溶性的钙化合物，如碳酸氢钙。这种水，被称为硬水。硬水给人们带来不少麻烦，用它烧开水，原先溶解在水中的碳酸氢钙受热会转化成不溶性的碳酸钙，沉淀后，变成锅垢。工厂里的锅炉如果锅垢太厚了，不仅浪费燃料，甚至会

因受热不均匀而引起爆炸。用硬水洗衣服，碳酸氢钙会和肥皂起化学反应，生成硬脂酸钙沉淀出来，浪费了肥皂。为了克服硬水的这些缺点，人们常要把硬水软化，如加入苏打（碳酸钠），便可以使碳酸氢钙变成碳酸钙沉淀出来，过滤掉沉淀，使硬水软化。也可以用煮沸的方法使硬水软化。

钙是人体和动物必不可缺的元素。人和动物的骨骼的主要成分，便是磷酸钙。血液中含有一定量的钙离子，如果没有它，皮肤划破后，血液不易凝结。据测定，成人每天需摄入 800 毫克的钙。在食物中，豆腐、牛奶、蟹、肉类含钙较多。婴儿的骨骼在不断发育，所以，有时需要给婴儿、孕妇吃钙片。植物也需要钙，尤其是烟草、荞麦、三叶草等。

金属中的“贵族”——金

中文名：金

英文名：Gold

化学符号：Au

金属中的“贵族”——金

名片

中文名：金

英文名：Gold

化学符号：Au

金之所以那么早就被人们发现，主要是由于在大自然中金矿就是纯金，再加上金子金光灿烂，很容易被人们找到。在古代，欧洲的炼丹家们用太阳来表示金，因为金子像太阳一样，闪耀着金色的光辉。在我国古代，则用黄金、白银、赤铜、青铅、黑铁这样的名字，区别各种金属在外观上的不同。不过，虽然说金的自然状态大都是游离状的纯金，但自然界中的纯金却很少是真正纯净的，它们总含有少量银，还有微量的钯、铂、汞、铜、铅等。

金的历史发现

金，是人类最早发现的金属之一，比铜、锡、铅、铁、锌都早。1963 年，我国考古工作者在陕西省西安市临潼区秦代栎阳宫遗址里发现 8 块战国时代的金饼，含金达 99%以上，距今已有 2000 多年的历史了。在古埃及，也很早就发现了金。早在 2600 年前的埃及象形文字已经有金的描述，米坦尼国王图什拉塔称金在埃及“比泥土还多”。

金在地壳中的含量大约是一百亿分之五，比铝、铁等金属含量少，但比许多稀有金属的含量却多得多。在海水中，约含有十亿分之五的黄金。也就是说，在 1 立方千米的海水中，含有 5 吨金。另外，据光谱分析，在太阳周围灼热的蒸气里含有金。来自宇宙的“使者”——陨石，也含有微量的金，这表明其他天体上同样有金。

金在地壳中的含量虽然不算太少，但是非常分散。至今，人们找到的最大的天然金块，只有 112 千克，而人们找到的最大的天然银块却重达 13.5 吨（银在地壳中的含量只比金多一倍），最大的天然铜块重达 420 吨。自然界中，金常以颗粒状存在于砂砾中或以微粒状分散于岩石中。

金很重，1 立方米的水重 1 吨，而同体积的金却重达 19.3 吨。人们利用金与砂比重的悬殊，用水冲洗含金的砂，这就是所谓的“砂里淘金”。近年来，人们发现含有氰化物的水能溶解金，于是采用 0.03% ~0.08% 的氰化钠溶液冲洗金砂，使金溶解，然后把所得的溶液用锌处理，锌就把金置换出来，于是制得金。这种化学的“砂里淘金”法，大大提高了

淘金的效率。不过，氰化物有剧毒，在生产时必须严格采取安全措施。现在，只要砂中含有千万分之三或岩石中含有十万分之一的金，都已成了值得开采的金矿了。

金的重要作用

金是金属中最富有延展性的一种。1 克金可以拉成长达 4000 米的金丝。金也可以制成比纸还薄很多的金箔，厚度只有 1 厘米的五十万分之一，看上去几乎透明，带点绿色或蓝色，而不是金黄色。金很柔软，容易加工，用指甲可以在它的表面划出痕迹。

俗话说，“真金不怕火炼”“烈火见真金”。这一方面是说明金的熔点较高，火不易烧熔它。另一方面说明，金的化学性质非常稳定，任凭火烧，也不会锈蚀。古代的金器到现在已几千年了，仍是金光闪闪。把金放在盐酸、硫酸或硝酸（单独的酸）中，安然无恙，不会被腐蚀。不过，王水能溶解金，溶解后，蒸干溶液，可得到美丽的黄色针状晶体——氢金氯铬酸。另外，上面已提到，氰化物的溶液能溶解金。硒酸（或碲酸）与硫酸（或磷酸）的混合物，也能溶解金（实验）。（在高温下，氟、氯、溴等元素能与金化合生成卤化物，但温度再高些，卤化物又重新分解。熔融的硝酸钠、氢氧化钠能与金化合。）

过去，黄金是金属中的“贵族”——主要被用作货币、装饰品。由于黄金硬度不高，容易被磨损，一般不作为流通货币。现在，随着生产的发展，黄金已成了工业原料。例如，自来水笔的金笔尖上常写着“14K”或“14 开”的字样，便是说在制造金笔尖的 24 份（质量）的合金中，有 14 份是金。在我国生产的一些电子计算机的集成电路中，也会用金丝做导线。

马口铁的“外衣”——锡

中文名：锡

英文名：Tin

化学符号：Sn

马口铁的“外衣”——锡

名片

中文名：锡

英文名：Tin

化学符号：Sn

锡是大名鼎鼎的“五金”——金、银、铜、铁、锡之一。在自然界中，锡很少成游离状态存在，因此就很少有纯净的金属锡。最重要的锡矿是锡石，化学成分为二氧化锡。

早在远古时代，人们便发现并使用锡了。在我国的一些古墓中，便常发掘到一些锡壶、锡烛台之类锡器。据考证，我国周朝时，锡器的使

古代制锡

用已十分普遍了。在埃及的古墓中，也发现有锡制的日常用品。

炼锡比炼铜、炼铁、炼铝都容易，只要把锡石与木炭放在一起烧，木炭便会把锡从锡石中还原出来。古代的人们如果在有锡矿的地方用篝火烤野物时，地上的锡石便会被木炭还原，银光闪闪、熔化了的锡液便流了出来。正因为这样，锡很早就被人们发现了。

我国有丰富的锡矿，特别是云南个旧，是世界闻名的“锡都”。此外，广西、广东、江西等地也都产锡。

锡的重要作用

锡是银白色的软金属，比重为 7.3，熔点只有 232℃，把它放进煤球炉中，便会熔成水银般的液体。锡很柔软，能用小刀切开。锡的化学性质很稳定，在常温下不易被氧化，所以它经常保持银闪闪的光泽。锡无毒，所以人们常把它镀在铜锅内壁，以防铜和水生成有毒的铜绿。焊锡，也含有锡，一般含锡 61%，有的是铅锡各半，也有的是由 90%铅、6%锡和 4%锑组成。

锡在常温下富有展性。特别是在 100℃时，它的展性非常好，可以展成极薄的锡箔。以前，人们便用锡箔包装香烟、糖果，以防受潮。不过，锡的延性却很差，一拉就断，不能拉成细丝。

其实，锡也只有在常温下富有展性，如果温度下降到 13.2℃以下，它会逐渐变成煤灰般松散的粉末。特别是在 -33℃或有红盐的酒精溶液存在时，这种变化的速度大大加快。一把好端端的锡壶，会“自动”变成一堆粉末。这种锡的“疾病”还会传染给其他“健康”的锡器，被称为“锡疫”。造成“锡疫”的原因，是由于锡的晶格发生了变化：在常温下，锡是正方晶系的晶体结构，叫作白锡。当把一根锡条弯曲时，常可以听到一阵嚓嚓声，这是因为正方晶系的白锡晶体间在弯曲时相互摩擦，发出了声音。在 13.2℃以下，白锡转变成一种无定形的灰锡。于是，成块的锡变成了一团粉末。

锡不仅怕冷，而且怕热。在 161℃以上，白锡又转变成具有斜方晶系的晶体结构的斜方锡。斜方锡很脆，一敲就碎，展性很差，叫作“脆锡”。白锡、灰锡、脆锡，是锡的 3 种同素异性体。

由于锡怕冷，因此，在冬天要特别注意别使锡器受冻。有许多铁器是用锡焊接的，也不能受冻。1912 年，一支探险队去南极探险，所用的汽油桶就是用锡焊的，结果在南极的冰天雪地之中，焊锡变成粉末状的灰锡，汽油就都漏光了，最终导致探险失败。

锡的化学性质稳定，不易被锈蚀。人们常把锡镀在铁皮外边，用来防止铁皮的锈蚀。这种穿了锡“衣服”的铁皮，就是大家熟知的“马口铁”。1 吨锡可以覆盖 7000 多平方米的铁皮，因此，马口铁很普遍，也很便宜。马口铁最大的“主顾”是罐头工业。如果注意保护，马口铁可使用 10 多年而保持不锈。但是，一旦不小心碰破了锡“衣服”，铁皮便很快被锈蚀，没多久，整张马口铁便布满红棕色的铁锈斑。所以，在使用马口铁时，应注意切勿使锡层破损，也不要让它受潮、受热。

锡，也被大量用来制造锡铜合金——青铜。

锡与硫的化合物——硫化锡，它的颜色与金子相似，常用作金色颜料。

锡与氧的化合物是二氧化锡。锡于常温下，在空气中不受氧化，强热之，则变为二氧化锡。二氧化锡是不溶于水的白色粉末，可用于制造搪瓷、白釉与乳白玻璃等。1970 年以来，人们把它用于防止空气污染——汽车废气中常含有有毒的一氧化碳气体，但在二氧化锡的催化下，在 300℃时，一氧化碳可大部分转化为二氧化碳。

锡和氯可形成两种化合物：

（1）二氯化锡（又称氯化亚锡）。它具有很强的还原能力，工业上常利用氯化亚锡使一些金属还原，是化学上常用的还原剂之一；在染料

工业上，也可用作媒染剂。

（2）四氯化锡。在二氯化锡溶液里通入足量的氯气，便可得到四氯化锡，四氯化锡是沸点为 114℃的无色液体。它遇水蒸气就水解，冒出强烈的白烟，形成白色的浓雾，军事上把它装在炮弹里，制成烟幕弹。四氯化锡能与氯化铵化合，生成一种复盐，而这种复盐是重要的媒染剂。

闪光灯中的金属——镁

中文名：镁

英文名：Magnesium

化学符号：Mg

闪光灯中的金属——镁

名片

中文名：镁

英文名：Magnesium

化学符号：Mg

我们在电视中看到在过去的夜晚，摄影记者给盛大的集会拍照时，常伴随着“咔嚓、咔嚓”的响声和一道道夺目的闪光，同时冒出白烟。这闪光，便是镁粉在燃烧。

镁的发现历史

第一个确认镁是一种元素的是英国化学家布莱克，1755 年，在英国爱丁堡他辨别了石灰（氧化钙）中的苦土（氧化镁），两者各自都是由加热类似于碳酸盐岩、菱镁矿和石灰石来制取。另一种镁矿石叫作海泡石（硅酸镁），于 1799 年由赫胥黎报告，他说这种矿石在土耳其更多地被用来制作烟斗。

不纯净的镁金属在 1792 年由鲁普雷希特通过加热苦土和木炭的混合物首次制取。1808 年，戴维通过电解氧化镁的方法生产出纯净但含量极低的金属镁。然而，直到 1831 年，法国科学家布辛使用氯化镁和钾反应制取了相当大量的金属镁之后，科学家才开始研究它的特性。

镁是银白色的轻金属

镁的希腊文名称的原意为“美格尼西亚”，因为在希腊的美格尼西亚，当时盛产一种名叫苦土的镁矿。镁与铝很相似，是银白色的轻金属，它比铝更轻些，只有同体积铝质量的三分之二。镁十分坚硬，机械性能也不错。

镁的燃烧实验

将一根打磨好的镁条，用坩埚钳夹住，在酒精灯上点燃后，伸入盛

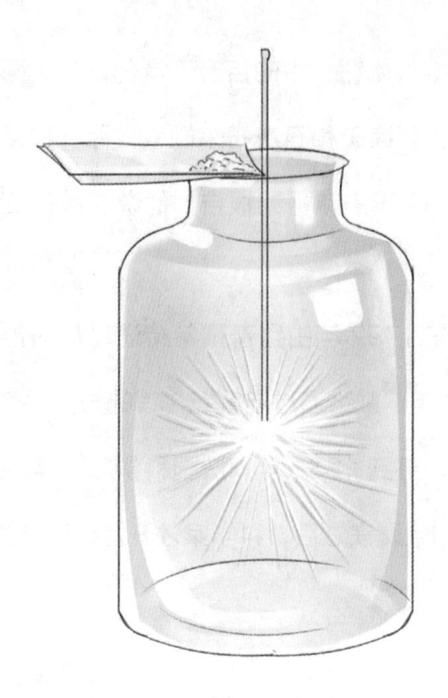

镁的相关实验

有氧气的集气瓶中，可以看到，镁条剧烈燃烧，发出耀眼的白光，并伴有白烟。

如果将其伸入盛有二氧化碳的集气瓶中，则可以看到，镁条剧烈燃烧，放出大量的热，瓶壁上有黑色和白色的固体。

将在氧气中燃烧后的镁条产生的白色粉末收集起来，加几滴硫酸，加热并将白粉熔解后，把溶液放在瓷盆里，通过加热将大部分水分蒸发掉。冷却后，一种长针状的结晶就产生了，这种结晶叫硫酸镁，可以作泻药。

镁的重要作用

与铝一样，镁在空气中，它的表面也会迅速地氧化而失去光泽，同时生成一层薄薄的氧化膜，这层氧化膜很稳定，能保护里面的金属不再氧化。镁在空气中燃烧时，还会射出耀眼的亮光来。要是在纯氧中燃烧，那白光更是亮得眩目。因此，人们用镁粉制成闪光粉（镁粉与氯酸钾的混合物），供夜间摄影用。另外，人们也用镁粉制成照明弹、焰火等。

不过，镁的最重要的用途是用来制造合金。

最常见的镁合金，是镁铝合金，它含有5%~30%的镁。镁铝合金，要比纯铝更坚硬，强度更大，而且比铝更容易加工与磨光，镁铝合金也格外轻盈，被大量用于飞机制造工业，成了重要的“国防金属”。在制造汽车及其他运输工具时，也常用到镁铝合金。据报道，1972年用于结构方面的镁合金比1971年有大幅度的增长。人们新制成含9%钇、1%锌的镁合金，又轻盈又结实，可用于制造直升机零件。此外，在铸铁中加入0.05%的镁，还能大大增加铸铁的延展性和抗裂性。

镁最重要的化合物是氧化镁和硫酸镁。

氧化镁熔点非常高，达2800℃，是很好的耐火材料。砌高炉用的“镁砖”，就含有许多氧化镁，它能耐得住2000℃以上的高温。氧化镁也被用来制造水泥，氧化镁水泥不仅是很好的建筑材料，而且还常用来制造磨石和砂轮。如果把木屑刨花浸在氧化镁水泥浆里，加以压力，硬化后便成了坚固耐用的纤维板。这种纤维板很轻，隔音、绝热的性能好，且耐火。

硫酸镁是著名的泻药，它是一种无色结晶物质，易溶于水，味道很苦。当病人口服后，在肠道内它很难被吸收，但由于渗透压的关系，在肠内留有大量的水分，使肠容积增加，于是机械地刺激肌壁，引起排便。服用硫酸镁是较安全的，但剂量也要有一定限制，成年人每次15~30克。硫酸镁也被用在纺织工业和造纸工业中。

在生物学上，镁元素极为重要。因为它是叶绿素分子中的核心原

子——在镁原子的周围，围着许许多多氢原子、氧原子等，组成叶绿素分子。在叶绿素中，镁的含量达 2%。要是没有镁，就没有叶绿素，也没有绿色植物、粮食或青菜了。据研究，在土壤中施镁肥，可以显著地提高植物产量，尤其是甜菜。

在大自然中，镁是分布很广的元素之一。在地壳中，镁的含量约为千分之十四。主要的镁矿有白云石、菱镁矿等。在石棉、滑石、海泡石中也含有镁。特别在海水中，镁的含量仅次于钠，据计算，在全世界海水中，镁的含量高达 6 亿吨。现在，人们便是从海水中提取镁。

水一样的金属——汞

中文名：汞

英文名：Mercury

化学符号：Hg

水一样的金属——汞

名片

中文名：汞

英文名：Mercury

化学符号：Hg

秦始皇，作为我国历史上第一位皇帝，他的陵寝修建得恢宏无比。秦始皇陵是我国历史上第一座规模庞大、设计完善的帝王陵寝，是中国第一批世界文化遗产、第一批全国重点文物保护单位。然而至今他的陵墓也没有真正地被开启。

2002 年，我国的考古团队成立专家组，首次对秦始皇陵进行了考察。随后，秦始皇陵中的细节被曝光，陵墓的地宫足足有 30 米深，令人叹为观止。专家组还发现，地宫中空气的汞含量严重超标，这也是该陵寝至今没有开启的原因之一。

汞（俗名水银）在自然界中分布量极小，被认为是稀有金属，但是人们很早就发现了水银。天然的硫化汞，就是我们历史上常提到的朱砂，由于其具有鲜红的色泽，因而很早就被人们用作红色颜料。

根据中国古代文献记载，在秦始皇以前，一些王侯在墓葬中早已使用了灌输水银，例如齐桓公，其墓中倾水银为池。这就是说，中国在公元前 7 世纪或更早已经取得大量汞。中国古代还把汞作为外科用药。1973 年我国湖南长沙马王堆汉墓出土的帛书中的《五十二药方》，抄写年代在秦汉之际，是现已发掘的中国最古医方，就记载了汞的使用。

东西方的炼金术士们都对汞产生了兴趣。西方的炼金术士们认为水银是一切金属的共同性——金属性的化身。他们所认为的金属性是一种组成一切金属的“元素”。根据西方化学史的资料，曾在埃及古墓中发现一小管水银，据考证是公元前 16 至前 15 世纪的产物。

汞的重要作用

汞，我国俗名叫水银，李时珍著《本草纲目》中记载：“其状如水、似银，故名水银。”我国在 3000 多年前，便已利用汞的化合物做药剂医治癞疾。希腊著名哲学家亚里士多德，在公元前 350 年也在自己的作品中描写过汞。古代的炼金术士们常常想用普通金属制造金子、银子，汞便是最常被用来炼金的一种金属。

在 80 多种金属中，它们在常温下绝大部分都是固态，唯有汞是液态。

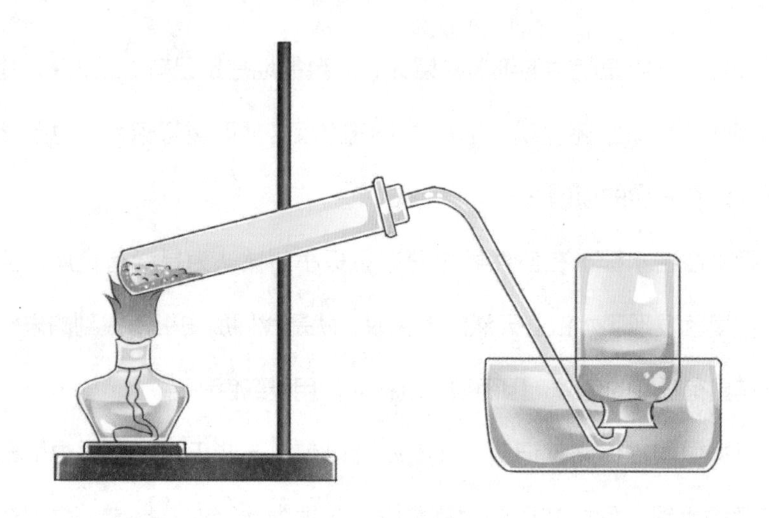

三仙丹的实验图

因此，在中文中绝大部分金属的部首都是写成“金”旁，如锌、钙、镍、铁等，而只有汞字的部首是“水”。

汞是非常重的液体，1 立方米的汞重达 13.6 吨。汞的内聚力很大，在平整的表面上，汞会散成一粒粒银珠，犹如荷叶上滚动着的水珠。古希腊的炼金术士们曾用土星的符号来表示汞，因为土星又重又圆，类似汞珠。

汞被称为“金属的溶剂”，因为它能溶解许多金属，形成柔软的合金——“汞齐”（希腊文的原意便是“柔软的物体”）。不光是锌、铅等很易被汞镕解，金、银也都能被汞溶解。正因为这样，在 20 世纪，人们便曾用汞从砂中溶解金，以提取金。钠溶解于汞，生成钠汞齐，它是有机化学上常用的还原剂。锌汞齐则是在稀硫酸中常用的还原剂。用汞溶解银锡合金，得银锡汞齐，它能在很短的时间内变硬，常用来补牙。铁不溶于汞，不生成汞齐，所以汞通常被装在铁罐中。汞能溶于熔化的白磷中。

汞在我们的生活中有着广泛的用途：气压表、压力计、温度计、真空泵、日光灯、汞整流器等都要用到汞。如果在汞中加入 8.5%的铊，形成铊汞齐，凝固点可低至 -60℃，比纯汞更低，因而被用来制造低温温度计。日光灯管中装着汞蒸气，这是因为汞蒸气在电场的激发下会射出紫外线，照射到玻璃壁上白色的涂料——硫化锌上，使它产生白色的冷光——也就是日光灯的“日光”。

汞是有毒的。工厂总是在汞的表面上倒一层水，防止汞蒸发。如果不慎将盛汞的罐打翻了，应立即把地上的汞滴收拾起来，或者撒上硫黄粉，使汞变成硫化汞，这样不致于使汞蒸发到空气中。在制汞或使用汞的工厂中，常常定期用碘熏蒸，碘能与汞化合，生成碘化汞，消除汞患。

汞的化合物也大都是有毒的。如氯化汞，又称升汞，有剧毒。但适量使用氯化汞可作为消毒剂。医院便常用千分之一的氯化汞水溶液作消毒剂，消毒外科所用的刀剪。雷酸汞，俗称“雷汞”，则是常用的炸药起爆剂。

在大自然中，汞有时以游离态存在，形成巨大的银光闪闪的水银湖。汞更多是以红色的硫化汞的形式存在。硫化汞俗称辰砂、朱砂，是著名的红色颜料。红色印泥中，便含有它。我国在世界上最早利用和研究辰砂。据《广黄帝本行记》记载：“带遂炼九鼎之丹服之，以丹法传于玄子，重盟而付之。”这里所说的“丹”，便是硫化汞。可见我国早在公元前 2500 年便知道硫化汞了，而古希腊在公元前 700 年才开始采掘硫化汞。人们把硫化汞加热，硫被氧化成二氧化硫跑掉，而汞被还原成金属汞。